人生的故事不是从 2 岁、5 岁的时候才开始，

而是从一出生就开始了，

甚至从出生前就已经开始了。

THE CHILD, THE FAMILY,
AND THE OUTSIDE WORLD

妈妈的心灵课

母婴关系影响孩子的一生

[英] 唐纳德·W.温尼科特 著

周彦希 译

科学技术文献出版社
SCIENTIFIC AND TECHNICAL DOCUMENTATION PRESS
·北京·

图书在版编目 (CIP) 数据

妈妈的心灵课 / (英) 唐纳德·W.温尼科特著; 周彦希译. —— 北京: 科学技术文献出版社, 2022.1 (2024.5 重印)

ISBN 978-7-5189-8813-6

Ⅰ.①妈… Ⅱ.①唐… ②周… Ⅲ.①婴幼儿—哺育Ⅳ.① TS976.31

中国版本图书馆 CIP 数据核字 (2021) 第 265440 号

妈妈的心灵课

策划编辑: 王黛君　责任编辑: 吕海茹　责任校对: 张吲哚　责任出版: 张志平

出 版 者	科学技术文献出版社
地　　址	北京市复兴路 15 号　邮编 100038
编 务 部	(010) 58882938, 58882087 (传真)
发 行 部	(010) 58882868, 58882870 (传真)
邮 购 部	(010) 58882873
官方网址	www.stdp.com.cn
发 行 者	科学技术文献出版社发行　全国各地新华书店经销
印 刷 者	艺堂印刷 (天津) 有限公司
版　　次	2022 年 1 月第 1 版　2024 年 5 月第 2 次印刷
开　　本	880×1230　1/32
字　　数	120 千
印　　张	7
书　　号	ISBN 978-7-5189-8813-6
定　　价	49.90 元

自 序
PREFACE

　　本书的内容是关于母亲与婴儿、父母与孩子、学校中的孩子和最终走向大千世界的孩子。伴随着孩子的成长，我的语言风格也在随之变化，以适应从母婴护理的亲密关系，转变为孩子长大后与父母分离的独立关系。

　　虽然前面的几章是专门写给母亲的，但我并不强调年轻母亲必须阅读很多育儿书籍。年轻母亲要了解自己的状态，甚至比自我意识到的更了解。母亲需要受到保护和获得信息，她还要懂得医学，以便为她自己提供最好的身体护理；她需要熟悉的、信任的医生和护士的帮助；同时，她也需要丈夫的爱和令人满意的性体验。但是，她并不一定需要别人事先告诉她，当妈妈是什么感觉。

　　最好的母爱来自天然的自我信赖，与生俱来的母爱与后天的学习是有区别的，我也在努力区分这两者的差别，以免破坏天然的母爱。

人们想要了解生命的初始。如果孩子长大后也成为父母，却不了解和感恩自己的母亲在生命之初为自己做了什么，可以说这是人类社会的一大缺憾。

我并不是说孩子应该感谢父母的孕育之恩，甚至感谢父母构建家庭和管理家庭事务。我关心的是母亲和孩子的关系，特别是在孩子出生前，以及出生后的前几周和几个月之内的关系。我试图引起人们注意，一位平凡的好母亲在丈夫的支持下，对个人和社会做出的巨大贡献，她只是通过对婴儿的奉献就足矣证明。

无私奉献的母亲没有得到认可，不正是因为她的贡献太伟大吗？如果我们认可母亲的贡献，那么每个心智健全的人、每个认为自己是世界上独一无二的人和每个幸福的人，都将无比感激自己的母亲。在婴儿早期，当婴儿还没有感知到依赖的时候，就完全依赖母亲了。

我想再次强调，认可母亲做出的贡献，并不仅仅是为了感激，而是为了减轻我们内心的恐惧感。如果我们的社会迟迟不能充分认识到这种依赖——这是每个人在生命之初的真实经历，那必然会阻碍我们达到自由和健康的状态。其实，这种阻碍来自一种恐惧。如果我们没有真正认可母亲的角色，那么就会形成一种对依赖的模糊恐惧。这种恐惧有时会表现为害怕一般女性，或害怕特定女性；有时会以不易识别的形式表现，一般包括被支配的恐惧。

人们虽然有被支配的恐惧，但并不能完全避免；相反，它将我们引向一种特定的或选择性的支配。事实上，如果我们研究独裁者的心理，就会发现他们一直试图控制某个女性，并且无意识地害怕被那个女性支配或控制。他们试图通过迁就她、为她做事来控制她，并反过来又要求她完全服从和"爱"。

许多社会历史专业的学生认为，在人类群体中，对女性的恐惧是导致看似不合逻辑的行为的一个重要因素，但很少有人能找到其根源。然而，如果我们追溯到每个人的成长史，就会发现，我们对女性的恐惧只是害怕承认依赖，在婴儿早期形成的最初依赖。因此，我们有充分的社会理由对母婴关系的早期阶段进行研究。

有人说，在婴儿出生的几个月里，母亲只需要学习婴儿身体护理技巧，这一切有经验的护士也能做得很好。也有人要求母亲必须照顾自己的孩子，这是对母亲最极端的否认，他们否认了"母爱"是从母亲的身份中自然产生的。

社会倡导保持整洁的环境、健康的身体，诸如此类的事情总是要涉及母亲对婴儿的养育，但母亲不太可能站出来抗议。我撰写本书，就是要献给那些刚生下孩子的年轻母亲们，她们自己可能还没有做好当母亲的准备。我希望年轻母亲们依靠自己的母爱天性，给予婴儿支持；同时，我也要向婴儿照顾者表示敬意，他们在婴儿的父母或代替父母的人们遇到困难时提供及时的帮助和照顾。

目 录
CONTENTS

Part One
妈妈与宝宝

Part Two
孩子与家庭

Part Three

孩子与大千世界

第一部分

妈妈与宝宝
Mother and Child

照顾婴儿是你天生就会做的事情，你自然知道该如何处理。它的美妙之处在于你不必思考自己是否非常聪明。要成为一位好母亲，你必然要经历很多磨难。只有经历这些磨难，你才能清楚地了解婴儿护理的基本原则。

Chapter 1
爸爸如何看待妈妈？

母亲在真实地体会育儿，她不会错过这宝贵的体验。

当我看到床上包裹在襁褓里的婴儿时，就好像看到我自己，独立于母体生活，但同时又依赖母亲并逐渐长大。只有女性才能体会到，并且只有她们才能富有想象力地去体会，即使她们缺乏实际孕育婴儿的经验。

在我平时的工作中，母亲们把孩子带到我面前。这些孩子在妈妈的膝盖上不停地活动，一会儿伸手去拿桌上的物品，一会儿在地板上到处爬，一会儿又爬上椅子，从书柜里拿出书来。有的孩子害怕穿白大褂的医生，他们认为这位医生肯定是个怪物，如果自己是个坏孩子，就会被这个怪物吃掉；如果自己调皮捣蛋，这个怪物还会做出更可怕的事情来，于是他们紧紧抓着母亲不放手。还有年龄大一点的孩子，他们坐在一张桌子上画画，而我和孩子的母亲则试图拼凑出孩子的成长轨迹，以此找出问题的根源。孩子竖起耳朵听着，确保我们没有在背后讲他的坏话，即使孩子不说话，我也不时地观察他，与他眼神交流。

相信你也经历过同样的困难，面对一个几周大的婴儿，你却不知道如何与他交流。如果你正在思考这个问题，请试着回忆你的孩子在几岁时注意到你，以及在那个激动人心的时刻，你确信你们是在互相交流吗？你不是远远待在房间另一边，通过讲话来照顾孩子。你发现自己很关心孩子的身体，不只用语言表达体现。你知道如何把孩子抱起来，如何把孩子放下，如何暂时离开孩子；你还学会了如何给孩子穿衣服，让他感到舒适，保持自然的体温。事实上，当你还是个小女孩，玩洋娃娃的时候，就会做这些事情了。另外，你还会为孩子做一些特定的事情，比如给宝宝喂奶、洗澡、换尿布和拥抱。有时，宝宝不小心尿在你的衣服上，而你并不介意。通过这些事情，你知道你是一个女人，更是一个平凡尽职的母亲。

作为一个男人，虽然我似乎脱离育儿的生活场景、远离孩子哭闹的噪音、逃离孩子粪便的气味，以及免于照顾孩子的责任，但是我清楚地知道母亲在真实地体会育儿，并且她不会错过这宝贵的体验。我希望和你谈谈，母亲对于照顾婴儿早期生活的理解。

妈妈天生就会照顾宝宝

照顾婴儿是你天生就会做的事情，你自然知道该如何处理。它的美妙之处在于你不必思考自己是否非常聪明。也许你在上学的时候，数学成绩很差；或者你的朋友都拿到了奖学金，但你不喜欢学习，所以分数不及格，很早就辍学了；或者你没有在考试之前得荨麻疹，所以你取得优异的考试成绩；或者你可能真的很聪明。这一切都无关紧要，与你能否成为一个好母亲没有任何关系。你是一个平凡尽职的母亲，就像小孩子喜欢玩洋娃娃一样，没有原因。育儿如此重要，但很少取决于聪明的头脑，这难道不奇怪吗？

婴儿最终成为一个健康、独立、有社会意识的人，良好的开端是必不可少的。良好的开端在于母婴之间的纽带，这个纽带就是爱。所以，你爱你的孩子，就会为他提供一个良好的开端。

我说的"爱"并不是指过分在意宝宝。有的人常说"我很喜欢宝宝"，你确定他们真的爱宝宝吗？母爱是自然而然的事情，其中包含占有欲、渴望，甚至还有"讨厌孩子"的情感元素；母爱中也有慷慨、力量和谦逊。

艺术家往往厌烦思考艺术和艺术目的，他们只是喜欢艺术。作为一个母亲，你可能不喜欢研究育儿。本书我们将讨论一个平凡尽职的母亲必须要做的事情。也许你已经完成了养育孩子的阶段，你的孩子已经长大，去上学了。你现在更喜欢回顾你在育儿方面所做的贡献，并思考你是如何为孩子的成长发展奠定基础的。如果你是凭直觉育儿，这可能是最好的做法。

我们应该了解婴儿照顾者扮演的角色，这样就可以保护年轻的母亲和孩子免受伤害。如果母亲不认可自己的所作所为，她不仅无法捍卫自己的权利，而且会轻易地放弃自己想做的事，反而按照别人的要求行事；或者她会按照自己母亲的方式、书本上指导的方法育儿。这样只会使事情变得更糟糕。

父亲的角色也是很重要的。不仅因为父亲可以在有限的时间内承担母亲的责任，而且他们可以保护母亲和婴儿不受任何干扰。母婴之间的亲情联结，正是养育儿童的根本。

在接下来的章节中，我会有意识地描述母亲在日常生活中对孩子的疼爱。

在婴儿出生的最初阶段，我们还有很多知识需要了解，也许只有母亲才能为我们答疑解惑。

Chapter 2
了解你的宝宝

要成为一位好母亲，你必然要经历很多磨难。

女人怀孕时，她的生活在许多方面发生了变化。在此之前，她可能兴趣广泛，也许她是商业精英、敏锐的政治家、狂热的网球运动员、有名望的社交人士。她可能对有孩子的母亲们相对受限的生活嗤之以鼻，认为她们的生活单调乏味。她也可能厌恶清洗、晾晒尿布之类的家务。

起初，她可能会对怀孕感到厌恶，她很清楚，怀孕会干扰她的个人生活。除非女人对育儿有所期盼，否则婴儿的降生对女人来说意味着一连串的麻烦。如果年轻的女人还没有准备好怀孕，她或许会感到不幸。

怀孕女性的情感和身体都在逐渐发生变化。她们的兴趣范围逐渐缩小，兴趣方向由外向转为内向。她们逐渐相信世界的中心就在自己的身体里。

也许你恰好处于孕育阶段，你为自己感到骄傲，认为自己是一个值得尊敬的人，同时周围的人都在为你提供帮助。

当你越来越确信自己将很快成为母亲时，你会只关注一个对象，那就是即将出生的宝宝。从最深层的意义上来说，所谓的母子连心，就是这个小宝宝将和你血脉相连，而你也和他紧密相关。

了解宝宝的特征

要成为一位好母亲，你必然要经历很多磨难。只有经历这些磨难，你才能清楚地了解婴儿护理的基本原则。对于还没做母亲的女人，她们需要多年的学习，才能掌握日常的育儿经验。当你听到一些育儿的故事和传说时，你可能会怀疑自己，或许你需要一位母婴专家的支持。

一位心智健康的母亲，了解自己的孩子是非常重要的。重要的是，在你看来，你的宝宝是一个值得了解的人，并想要尽早了解他。任何一个向你提供育儿经验的人，都不会比你自己更清楚这一点。

即使在子宫里，你的宝宝也是一个独一无二的人。宝宝出生后，他已经有相当多的经历，有难过的，也有愉快的。我们很容易通过新生儿的面部表情，读懂他的情感；如果我是你，我就不会等心理学家来判断婴儿是怎样的人——我会直接去了解这个小宝宝，同时也让他了解我。

当宝宝还在子宫里时，你就已经通过他的一举一动了解他的部分特征。如果胎儿有很多动作，你会猜想他是不是个小男孩；当出现胎动时，你会为这个小生命的活力而激动。同时，宝宝也会逐渐了解你。

你的宝宝和你分享着美食。当你早上喝了一杯好茶，或者你跑着去赶公共汽车时，他的血液就会流动得更快。当你感到焦虑、兴奋或愤怒，同时他也会感受到。当你焦虑不安，他就会不安好动。如果你是一个生性安静的人，他就会喜欢平静。在某种程度上，宝宝比你更了解你自己。

分娩后，婴儿和母亲的身体状况各不相同。母亲一般会感到疲惫，需要休息两三天后，才能开始享受和婴儿的亲密接触和陪伴。当然，还有的母亲身体恢复得很快。我认识一位年轻的母亲，她很早就和她的儿子互相接触。从她的孩子出生那天起，每次喂奶后，产房经验丰富的护士都会把孩子放在她床边的摇篮里。婴儿躺在安静的房间里，母亲把手放在婴儿身上；婴儿出生还不到一个星期，就能开始抓住母亲的手指，并朝母亲的方向看。母婴关系在不受干扰的条件下发展，不仅有助于婴儿形成健康的人格，而且为母婴的情感发展打下良好的基础。此外，孩子在成长道路上，更有能力承受遇到的挫折和打击。

喂奶是母婴的首次亲密接触

在母婴的早期接触中，最令人印象深刻的是喂奶。当宝宝兴奋时，妈妈可能也会感到兴奋，她的乳房可能会有感觉，正在准备分泌乳汁。如果宝宝一开始没有在意妈妈的兴奋状态，那么他很幸运，这样他就能继续和妈妈接触，并且满足自己的冲动和欲望。据我观察，婴儿发现自己兴奋，也会令他自己惊讶不已。

你必须了解宝宝的两种状态，一种是宝宝被满足后、处于相对平静的状态，一种是宝宝处于未满足的兴奋状态。当宝宝处于平静的时候，他长时间睡觉，但总会醒来，他醒着的时刻也是珍贵的。有些宝宝很难满足，他们甚至在吃奶后还哭个不停，且不易入睡。在这种情况下，母亲很难与宝宝建立亲密的联结。随着时间的推移，宝宝可能会平静下来，也会产生一些满足感，也许在洗澡的过程中，就是你们发展亲子关系的良好时机。

　　你之所以要了解宝宝的满足感与兴奋感，是因为宝宝需要你的帮助。只有你足够了解宝宝的状态，才能给予正确的帮助。宝宝需要你帮助他从一种可怕的状态，转变到安稳的状态；从睡眠或清醒的满足状态，转变到渴望的状态。这是你作为母亲的首要任务。除了照顾宝宝的繁杂事务以外，你还需要掌握很多必备的育儿技能。

　　婴儿的脖子上不会挂一个上面写着"每3小时喂一次奶"的闹钟。在母亲或护士看来，定时喂奶是一种好方法；可是从婴儿的角度来看，可能不是最好的方法。婴儿可能会认为，每当有进食冲动时，能吃到奶就好了，并不一定要规律地定时喂奶。在我看来，婴儿更期望母亲"呼之即来"的乳房。有时，母亲可能会先按照婴儿偏爱的喂奶方式，然后再尝试自己的方式。无论如何，当你开始了解你的宝宝，你就知道适合他的喂奶方式。即使你不能满足他的要求，你也要全面了解他的喜好。当你足够了解宝宝，你会发现只有当他处于未满足的兴奋状态时，他才会显露专横的天性。宝宝很高兴能在乳房或奶瓶后面发现你，接着发现房间，然后发现房间之外的大千世界。母亲不仅在喂奶期间了解宝宝，而且母亲会在给宝宝洗澡时、把宝宝放在婴儿床上时、给宝宝换尿布时，对宝宝有更深入的了解。

　　如果你在坐月子期间，由护士悉心照料，我希望你能理解我的话。在这段时期，如果宝宝只有在哺乳的时候才交到你的手里，这或许对你不公平。母亲当然需要护士的照顾，因为你的身体还没有完全恢复，无法单独照顾宝宝。但是，如果你看不见睡着的宝宝，或者你也看不见宝宝醒着躺在床上的样子，而你只有在哺乳的时候才能见到宝宝，这一定会给他带来非常奇怪的感觉。此时，宝宝是一个内心不满足的人，他的内心像愤怒的狮子和老虎一样，渴望你的关注。如果没人向你解释这一切，你可能会不知所措。

尽早进行母婴接触

如果观察躺在你身边的婴儿，允许他在你的怀里玩耍，你就能时不时地看到他兴奋的状态，并将其视为一种爱的表现。你也能够理解一些正在发生的事情，比如他扭头拒绝喝水；或者当他躺在你的怀里安然入睡，你不能继续哺乳；或者当他变得焦躁不安，不吮吸奶水。这些都是婴儿害怕自己内心的表现。此时，你需要耐心地帮助他，让他先玩一会儿，允许他含着乳头或者抓着它；允许他任意摆弄小玩具，直到他获得信心，再次吮吸乳头。这对你来说并不容易，因为你也有自己的情绪。无论如何，如果你了解婴儿内心的恐惧，你就能度过这个艰难时期，并和你的宝宝在哺乳时建立良好的关系。

　　婴儿也有自己的想法。兴奋感对婴儿来说是一种体验，他想要确定你是一个可靠的哺乳者，然后他才会相信你。如果你辜负他，他似乎会产生"野兽把他吞掉"的感觉。请给他时间，他一定会相信你。

　　年轻母亲与婴儿要尽早接触，才能让母亲确信自己的孩子是正常的。正如我所说的，你可能产后太辛苦，无法在第一天和孩子产生联结，但你应该知道，母亲在孩子出生后想要马上了解他，这是天然的反应。这不仅是因为母亲渴望了解孩子，而且母亲可能会担心生出一个不完美的婴儿。人类很难相信自己足够优秀，很难相信自己能够创造出完美的事物。父亲也是如此，常常因怀疑自己、担心不能创造出一个健康正常的孩子而感到痛苦。

　　此后，母亲会怀着爱和自豪，了解自己的宝宝。你还会认真地观察他，以便为他提供所需要的帮助。你的宝宝只能从最了解他的人那里得到这种帮助，也就是说，从你——他的母亲那里获得帮助。

Chapter 3
给婴儿成长发展的空间

宝宝的成长和发展，并不完全依赖于你。

关于如何照顾宝宝，我并没有专门告诉母亲们该怎么做。详细的育儿建议比比皆是，有时还会给母亲带来混乱。相反，我选择为擅长照顾宝宝的母亲们提供建议，旨在帮助她们了解宝宝，并向她们展示育儿过程中发生的事情。我的理念是，只有母亲越了解育儿，她才越有能力相信自己的判断；只有母亲相信自己的判断，她才能处于最佳状态。

对一位母亲来说，按照自己喜欢的方式育儿，无疑是非常重要的。这使她能够发掘出自身伟大的母爱。正如一位作家在创作时，对自己才思泉涌感到惊讶一样，母亲也会在和孩子的朝夕相处中，惊讶地发现自己的母爱。

有人可能会问：有什么方法能成为一位好母亲呢？如果你只是按照别人的要求育儿，或者你只选择向高明的人请教育儿经验，这些都不是最佳的育儿方法。你应该用自己最自然的方式养育孩子，并在育儿经历中得到成长。

父亲也要参与育儿，他可以为母亲提供一个灵活的空间。在丈夫的适当保护下，母亲可以稍微放松，不必过多地关注外界的事务。母亲把关注点由外部世界转向家庭的方寸之地，她渴望更多关注她用胳膊圈出的内部世界，而这个圆圈的中心就是她的宝宝。刚开始，母亲和孩子之间的感情联结非常强大，所以家人必须尽其所能，让母亲在这个自然时期专心照顾孩子。

这段养育经历，不仅对母亲有益，而且婴儿也会从中受益。父母必须意识到，新生儿需要母亲的爱。成年人的身心健康是在整个童年时期建立的，而人类身心健康的基础，则是在婴儿最初的几周乃至几个月里奠定的。母亲会暂时对外部世界失去兴趣，这种变化令母亲感觉莫名其妙。因为你正在培养一个健康的新成员，这样做是非常值得的。人们普遍认为，生的孩子越多，照顾孩子就越困难。相反，我认为孩子数量越少，情感压力就越大，全心地培养"一个"孩子才是最大的"负担"。

你现在好好享受这段经历吧！享受被重视的感觉；你只需要专心培养一个新的社会成员，享受让别人去照顾这个世界的感觉；享受把时间归还给自己，爱自己的感觉，你的孩子只是其中一部分；享受丈夫对你们负责任的感觉；享受发现崭新的自己的感觉；享受你拥有比以往更多的权利，去做你喜欢的事情的感觉；享受做女人的各种感觉。这种感觉是男人永远无法理解的。有一天，你一定会很高兴，你发现你的宝宝逐渐长大，并且认可你对他的付出了。

你可以从照顾婴儿繁杂的事务中获得快乐，这是至关重要的。婴儿更希望让喜欢自己的母亲喂奶，而不是在你认为"正确"的时间喂奶。婴儿把所有的事情都视为理所当然的，比如柔软的衣服、温暖的洗澡水。母亲与孩子接触时是乐在其中的，这种快乐就像明媚的阳光照在身上一样。在整个养育过程中，母亲要尽情地体会快乐，否则整个过程就是死气沉沉的。

育儿的乐趣，往往以平常的方式自然呈现。当然，这种乐趣会被你的烦恼干扰，而烦恼很大程度上取决于不了解。这与分娩时的放松方法很相似，你们可能已经读过这方面的书籍。写这些书的人尽其所能地解释怀孕和分娩期间发生的一切，母亲们看完就会放松，不必担心未知的事情。其实分娩的痛苦并不来自其本身，而主要来自对未知的恐惧。如果你有好的医生和护士，你就可以减少无法避免的痛苦。同理，当孩子出生后，你更多的是体会照顾孩子的乐趣，而不会因为无知和恐惧产生紧张和焦虑的情绪。

如果母亲足够了解婴儿，她们就会明白，婴儿需要一位放松的、享受的母亲。我将向你介绍婴儿的身体，以及他的内心想法；我也会描述婴儿成长的过程，并指引你如何用身边的小事向婴儿介绍这个世界。

相信宝宝具有无限的潜能

你要知道，宝宝的成长和发展，并不完全依赖于你。每个婴儿都是需要"被关注"的个体。人类的成长和发展是与生俱来的，并以一种自然的方式向前推进。

例如，如果你刚把一个水仙花球茎放在窗台上，你很清楚，球茎不会立刻长成水仙花。你需要提供合适的泥土和养料，给球茎适量的水分，接下来就让它顺其自然地生长。当然，照顾婴儿比照看水仙花的球茎要复杂得多。不管是照顾婴儿，还是照看水仙花的球茎，你不必对每件事情都负责。你的孩子的确是在你的体内孕育，从那一刻起，胎儿是你子宫的房客；当婴儿出生之后，就成为你怀抱里的房客。然而，这些经历都是暂时的。转眼间，孩子很快就到上学的年纪，他们会自然地成长和发展。我们不能改变一个事实：人类的生命和成长是与生俱来的。

你是否感到一些欣慰？有的母亲觉得，自己应该对婴儿的生命负有某种责任，这恰恰破坏了她们作为母亲的乐趣。有些孩子甚至在婴儿早期就不被允许"自由自在"地躺着。如果婴儿睡着了，母亲会走到婴儿床前，盼望他醒过来，表现出活泼的样子（也许是由于担心婴儿生病了）；如果婴儿闷闷不乐，母亲就会玩弄挑逗，戳戳婴儿的脸，试图让婴儿笑出来，这对婴儿来说毫无意义。这类母亲总是把婴儿放在她们的膝盖上摇晃，试图让他们发出咯咯的笑声。

那些婴儿早期不能自由自在地躺在床上的孩子，他们失去很多感受，甚至可能失去独立活下去的感觉。在我看来，如果你相信婴儿体内存在着自发性生长过程（事实上，这种过程很难消除），也许你就能更好地享受对婴儿的照顾。归根结底，生命依靠的不仅是活下去的意愿，还有自发性呼吸的事实。

你是否有创作艺术作品的经历？也许你画过素描，或用黏土做过模子，或织过毛衣。你通过自己的创造，呈现出奇妙的作品。然而，孩子的成长与之相反，孩子会自己成长。作为母亲，你只需要为孩子提供一个良好的成长环境。

有的母亲认为，孩子就像自己手中的黏土，而她们就是制作黏土的陶艺家。于是，她们开始塑造婴儿，并觉得自己要对孩子的结果负责。这种想法在我看来是完全错误的。如果你产生这种想法，那么你迟早会被原本不需要承担的责任压垮。如果你相信婴儿具有无限的潜能，那么你就可以享受母婴互动的乐趣，并从观察婴儿的成长中受益良多。

Chapter 4
哺乳：体验亲密的母婴关系

哺乳是母婴关系的问题，是母亲和婴儿之间爱的实践。

自 20 世纪初以来，医生和生理学者在哺乳方面进行了大量的研究，为我们贡献了很多宝贵的经验。他们的工作结果使我们区分两组事实：一组是哺乳身体的、生物化学的或实质上的事实，没有人能够直观地了解，只有通过深入学习，才能领会；另一组是哺乳心理的事实，人们总是通过自我感觉和简单观察就可以了解。

哺乳是一个母婴关系的问题，是母亲和婴儿之间爱的实践。然而，这个观念在开始时很难被人们接受，直到许多生理学难题得以解决，才逐渐被人们接受。一个拥有健康生活且崇尚自然养育的母亲很容易理解，哺乳只是她和婴儿之间的一种关系。婴儿的疾病或死亡会令母亲对养育失去信心，并使她们寻求权威人士的建议。在母亲看来，生理疾病使育儿复杂化。事实上，正是由于社会在疾病方面取得了巨大进步，我们才可以关注育儿的主要问题，即哺乳的情感问题，也就是母婴之间的感情纽带。

如今，发达的医学使过去常见且致命的疾病已不再流行，甚至很多疾病几乎绝迹。现在，我们迫切关心的是婴儿的情感问题，以及母亲的心理问题。然而，这些心理问题与医生们高超的医术无关。它们是普遍存在的。

遗憾的是，我们还不能准确地描述所有新生儿母亲遇到的心理问题，但是我们可以尝试，并且请母亲们参与进来。

自然地哺乳最好

假设一位平凡的母亲，她和丈夫创造的家庭环境是健康和谐的，他们的婴儿足月健康出生，在这种情况下，哺乳只是一部分，更重要的是母婴关系。母亲和刚出生的婴儿，已经准备好迎接强大的爱的联结，他们需要在承担巨大的情感冲突之前，自然地了解彼此。一旦双方达成共识，接下来他们会彼此依赖，互相理解，哺乳就自然而然地开始了。

如果母亲和婴儿之间建立亲密的关系，并且是自然发展的，那么母亲就不需要掌握过多的哺乳技巧，因为她已经找到最合适的母婴相处方式。在这种情况下，婴儿摄取适量的奶水，并且知道什么时候该停下来；此外，婴儿的消化和排泄也不必由外人来担忧。情感关系是自然发展的，整个生理过程有效地进行。母亲可以从婴儿身上学会育儿，同时婴儿也能了解母亲。

当母亲和婴儿都能从哺乳产生的身心联结中感受到愉悦时，周围人却告诫说"妈妈千万不能沉溺于这种愉悦感中"，这对母亲而言是一件痛苦的事。我们很难想象，一个婴儿出生后就远离母亲，直到他失去识别母亲的感知能力。婴儿在吃奶的时候，身体被包裹起来，以至于无法用身体触碰乳房或奶瓶。在哺乳的过程中，婴儿只能用"同意"（吮吸）或"拒绝"（把头转过去或睡觉）的方式来参与。在婴儿还没有感觉到自己的欲望，以及真实的外部世界之前，他就开始被定时哺乳，他的内心一定很不舒服。

在自然状态下（母子二人都处于健康的状态），哺乳的技巧、数量和时间都应该顺其自然。这意味着，在养育过程中，母亲可以让婴儿拥有自主决定权。

你可能认为我的表述是轻率的，因为很少有母亲能完全克服个人困难，摆脱忧虑，以及不需要外界的支持。即使母

亲听取他人的建议，也要适度接受，并从中受益。如果这样
的母亲想要二胎或三胎，她最好在养育第一个孩子时，就找
到自己的目标——在实际养育和管理自己的宝宝时，保持独
立思考的能力。

哺乳没有严格的规则

自然哺乳恰恰是在婴儿想要时给予，不想要时就停止。
只有做到这一点，婴儿才会开始向母亲"妥协"。第一个妥
协是接受定时且可靠的哺乳，比如说每 3 小时哺乳一次，这
对母亲来说很方便，婴儿自己也得到了满足。但是，如果对
婴儿来说这个时间间隔太长，饥饿感的痛苦会随之而来。如
果想要保持婴儿对哺乳的信心，最有效的方法是母亲按照婴
儿的需求喂奶。当婴儿适应后，再逐步以一定规律哺乳。

母亲们总是被他人教育，要训练婴儿养成规律的进食习
惯，因此，她们坚持定时喂奶，而随性地哺乳会产生罪恶
感。母亲们畏惧哺乳带来的愉悦感，并会因为随性地哺乳产
生的任何错误而被他人指责。母亲们经常被养育孩子的重任
压得喘不过气，她们不得已接受所谓的育儿规则，以此降低
育儿的风险。然而，我们必须纠正母婴关系中的一切错误，
减少母亲的误解。

事实上，关于"训练婴儿必须要尽早"的理论，在婴儿接受自己以外的世界并与之达成一致之前，是完全不必要的。母亲需要自然地陪伴并满足婴儿的需要，这样婴儿才能建立接受外部现实的基础。

我并不是建议母亲都离开母婴护理中心，让母亲和婴儿自己来处理所有的问题，比如基本饮食、接种疫苗和正确清洗尿布等。医生和护士的目标是照顾好母婴的身体，并且确保没有其他事情干扰母婴关系的发展。

当然，对于照顾非亲生婴儿的护士来说，我也非常理解她们进退两难的处境。我的朋友梅雷尔·米德尔莫尔（Merell Middlemore）医生在她的书《哺乳的母子》（*The Nursing Couple*）中写道：

护士可能不忍心看着母亲笨拙地给孩子喂奶，觉得有必要帮忙，因为她认为她能把这件事情做好。可以说，护士自己的母性本能被激发出来。

母亲们，当你们阅读我的文章后，如果发现自己与孩子的早期接触失败了，也不必伤心。你一定会找出很多失败的原因，在未来的日子里，你还可以做很多事情来弥补已经失去的东西。我想要提醒那些已经成功，以及正在顺利哺乳的母亲们，她们出色地完成了养育的首项任务——哺乳。无论如何，我仍要坦诚地表达我的观点，即如果一个母亲独自管理母婴关系，她就是在为她自己、她的孩子以及整个社会倾尽所能地奉献。

所有关系的唯一基础，就是早期的母婴关系。成功的母婴关系，取决于母亲和孩子之间的互动，而不在于定时哺乳，以及母乳喂养。

Chapter 5
食物消化的奥秘

奶水的消化是一个非常复杂的过程。

当母亲准备喂奶的时候，会发出某些声音。婴儿听到这个信号，明白要进食了，他将对食物的渴望转变为行动力。婴儿的嘴里流出唾液，因为婴儿还不会吞咽唾液——他们通过流口水向你表明，他们可以用口腔表达自己感兴趣的东西，这说明婴儿开始产生兴奋感。在寻找满足感的过程中，手也扮演着重要的角色。当你给婴儿喂奶时，婴儿的嘴巴迫不及待地想要张开，嘴唇也十分敏感，这种敏感有助于给婴儿提供一种高度愉悦感，但是在他们长大后不再出现。

母亲总是积极地适应婴儿的需要。出于对婴儿的爱，母亲很擅长在育儿中做出微妙的调整，这种调整是他人不得而知的。无论你是用母乳喂养还是用奶粉喂养，婴儿的嘴巴都变得非常活跃，奶水会从你的乳房或奶瓶流进婴儿的嘴里。

通常，母乳喂养和奶瓶喂奶这两种方式，对于婴儿来说是有区别的。用母乳喂养的婴儿会用嘴含着乳头根部，并用牙龈咬合，这对母亲来说有点儿痛苦。婴儿咬合的压力会把乳头里的奶水挤到他嘴里，接着吞咽下奶水。然而，用奶瓶喂奶的婴儿必须采用另一种技巧，在这种情况下，重点是吮吸。

婴儿敏感的消化过程

在吞下奶水之前，婴儿就对奶水一清二楚。婴儿吮吸奶水进入嘴巴，给口腔一种明确的感觉，这无疑是非常令人满足的，然后奶水就被吞下去了。在婴儿看来，奶水似乎消失了。婴儿会觉得吮吸拳头和手指的效果更好，因为它们留在嘴巴里不会消失，可以随取随用。其实，吞咽下的食物在胃里并没有完全消失。

胃是婴儿身体一个很小的器官，胃从左到右横置在肋骨的下方，它实际上是一块相当复杂的肌肉。胃有一种奇妙的能力，能够自动适应新情况，除非受到兴奋、恐惧或焦虑的干扰；正如母亲天生就能适应做好母亲一样，除非她们感到紧张和焦虑。胃就像一个内在的"微型好妈妈"，当婴儿感到轻松惬意，胃就能正常运作。胃的内部保持着一定的肌肉张力，以保持胃的形状和位置。

奶水进到胃里，先停留一段时间，接下来开始一系列消化的过程。胃里总是有消化液，在胃的顶端还有空气。这些空气对母亲和婴儿有着特殊的用处。当婴儿吞下奶水，胃里的液体总量就会增加。如果你和宝宝都很平静，胃壁就会调整，适应增加的压力，并松弛一些，这时胃就会变大。然而，此时婴儿通常有些兴奋，因为胃还需要一点儿时间来适应这种变化。临时增加的压力让胃有不舒服的感觉，解决这个问题的快速方法就是让宝宝打嗝，释放出胃里的空气。当你喂完宝宝，或者喂到一半时，就可以帮助宝宝打嗝。你可以把宝宝抱直，这样做更有助于排出空气，而不是溢奶。这就是为什么你看到妈妈们把宝宝的头靠在自己的肩膀上，轻轻地拍打宝宝的后背，因为这种轻拍会刺激宝宝的胃部肌肉，让宝宝更容易打嗝排气。

如果母亲处于紧张状态，那么婴儿也会进入紧张状态，这时胃就需要更长时间来适应增加的食物量。在新生儿打嗝的问题上，如果你的婴儿的状况与其他婴儿不同，你也不必感到困惑。

如果不明白这个消化过程，你就会不知所措。一位邻居对你说："你一定要在喂完孩子后，拍一拍打嗝！"不明事实的你无法反驳，所以你会把婴儿放在你的肩膀上，用力拍他的后背，试图拍出必须要打的嗝。这种做法是生搬硬套，如此一来你就把自己（或邻居）的想法强加给婴儿，干扰婴儿自己的调节方式，毕竟自然的方式才是最好的。

胃这个小小的肌肉容器会将奶水保存一段时间，直到消化第一阶段完成。奶水发生的第一个变化就是凝结。我们在制作凝乳食物时，就是在模仿胃的消化过程。因此，如果你的宝宝吐出一些凝结的奶块，你也不要惊慌，因为婴儿很容易出现反胃。

在婴儿消化的过程中，你应该试图让他安静下来。不管你是把婴儿放在小床里，还是轻轻地抱着他转一会儿，这都由你来决定。在最舒服的状态下，婴儿似乎在沉思，他的身体内部产生一种很好的感觉，因为血液会流向身体最活跃的部分——胃，给宝宝的腹部带来一种温暖的感觉。在消化的早期阶段，干扰、分心和兴奋很容易导致婴儿不满而哭闹和呕吐。每当你给宝宝喂奶时，保持周围环境的安静，是非常重要的。这一点不仅适用于喂奶，也适用于其他母婴相处的重要时刻。

如果一切进行顺利，这段敏感的消化过程很快就会结束，当你听到婴儿肚子里咕噜咕噜的声音，这意味着奶水在婴儿胃中的消化基本完成。然后，胃自然地将经过消化的奶水通过"阀门",输送到肠道。

你不需要非常了解婴儿的肠道,因为奶水的消化是一个非常复杂的过程。渐渐地,消化后的奶水开始被血液吸收,养分被输送到身体的每个部位。

奶水离开胃后不久,胆汁就参与进来了。胆汁是在适当的时候从肝脏里分泌出来的,正是因为胆汁的参与,肠道里的奶水才有了特殊的颜色。如果患过卡他性黄疸,胆汁就不能从肝脏进入肠道。出现这种情况,是因为携带胆汁的胆管发炎性肿胀。胆汁(在卡他性黄疸患者体内)进入你的血液,而不是肠道,最终使你全身发黄。当胆汁正确地从肝脏流向肠道时,婴儿就会感觉良好。

如果你查阅生理学书籍,就能更了解奶水的消化过程。对于母亲来说,其实消化的细节并不重要。重要的是,咕噜咕噜的声音表明孩子敏感的消化过程已经结束,食物已经在肠道里。从婴儿的角度来看,这个新阶段肯定不可思议,因为生理学超出婴儿的思维范畴。然后,食物通过各种方式被肠道吸收,营养物质最终被分配到全身各处,并且通过血液的流动,被输送到各组织以促进身体不断地生长。在婴儿体内,身体的各个组织正在以惊人的速度生长,它们需要不断地供给营养。

Chapter 6
婴儿排泄的常识

如果你帮助婴儿养成良好的习惯，婴儿就会自主排便。

食物并不是全部被身体吸收，一些残留物质被一系列的肠道肌肉收缩波推动，而这些收缩波沿着肠道不断向下延伸。成年人的食物必须经过一条约 6 米长的狭窄管道，而婴儿的消化肠道只有约 3.6 米长。

有的母亲对我说："医生，宝宝刚吃的食物很快就排出来了。"婴儿的消化道非常敏感，进食会使消化肠道受到刺激，并引发收缩波；当食物残留物质收缩蠕动到肠道的下端时，就会排泄。通常，肠道的最后一部分，也就是直肠，基本上是空的。当有很多食物残渣堆积起来需要运输，或者当婴儿感到兴奋，或者肠道因感染而发炎时，这些肠道收缩蠕动就会变得异常频繁。排泄也变得频繁。婴儿学会对肠道的排泄有所控制，需要一定的过程。

我们可以想象，因为大量的食物残留物质堆积，直肠变得充盈。婴儿吃奶后，引起肠道蠕动，开始消化，直肠迟早会被填满。当食物残渣还停留在肠道上端时，婴儿不会有什么感觉，但直肠不断充血会让婴儿产生明显的便意。在婴儿护理的早期阶段，更换、清洗尿布的工作量很大。如果你一定要给婴儿穿衣服的话，必须经常更换尿布，否则会引起婴儿皮肤的不适感。如果婴儿排便很快，并且排便形状不固定，那么勤换尿布尤其重要。你无法训练小婴儿定时排便，不过如果你帮助婴儿养成良好的习惯，婴儿就会自主排便了。

如果在消化的最后阶段，婴儿把大便憋在直肠里，那么大便就会变干；当它在等待排出的时候，水分被吸收了。事实上，在排便的一瞬间，婴儿可能十分兴奋，以至于过于激动而哭泣。母亲把这件事留给婴儿自己处理是有利的（在宝宝不能完全自理的情况下，你可以帮忙）。你给了婴儿很多成长的机会，让他从体验中发现，先积累食物残渣，再排泄，这种感觉是令人愉悦的、有趣的。

允许婴儿体验自然地排泄

也许有人告诉你，要在哺乳后定时让婴儿排泄，并希望你尽早对宝宝进行如厕训练。你应该知道，这么做是为了避免弄脏尿布，其实，婴儿还远远达不到接受如厕训练的程度。

如果你从来不想让宝宝自我发展，你就是在干涉一个自然成长过程。你要是愿意耐心等待并仔细观察，婴儿迟早有办法让你知道他排便了。虽然婴儿不能用成年人的方式和你交流，但他已经找到一种无须语言的表达方式。他好像在说："我要排便了，你能帮忙吗？"你乐意帮助，因为你是母亲，你爱自己的宝宝。所以，如果你来迟了，宝宝也不会介意，因为你在回应宝宝的呼唤。

当婴儿完成一次排便后，你可能认为一切都结束了，然后你帮他重新穿好衣服，继续做你的事情。但是婴儿可能表现出新的不适，或者马上弄脏干净的尿布，这是极有可能的。食物残渣再次填满直肠，婴儿就可能再次排便。如果你不着急，可以等宝宝的肠道排空，这样有助于婴儿的直肠保持敏感性。

如果你总是匆忙地清理，让宝宝的直肠里还有残留物质，这些残留物或者被排出来，把尿布弄脏；或者被宝宝留在直肠中，使他的直肠变得不那么敏感，干扰宝宝的下一次排便。如果母亲能在一段时间内从容地应对宝宝如厕，就会自然地帮助宝宝养成良好的如厕习惯。再过一段时间，婴儿就能控制自己的身体，当他想要麻烦你的时候，他就会把事情搞得一团糟；当他想要取悦你的时候，他就会克制一些，等你方便的时候处理。

很多婴儿从未有机会找到适合自己的排便方式。我认识一位母亲，她几乎不让自己的孩子自然地排便。她认为直肠中的大便会以某种方式毒害婴儿，显然这个观点是错误的。即使婴幼儿几天不排便，也不会造成严重的伤害。但是，这位母亲喜欢用药品干扰孩子排便，结果造成了孩子消化功能紊乱。

另一种排泄形式，即排尿，也遵循类似的基本原理。

婴儿喝水后，水分被血液吸收，不需要的物质经由肾脏过滤，多余的水分和溶解在里面的废物质一起进入膀胱。直到膀胱开始充盈，婴儿就会产生排尿的欲望。起初，这一系列动作基本是无意识的，但婴儿逐渐发现，稍作保留是有好处的——因为婴儿发现不立即排尿的感觉是愉悦的。这种身体感受丰富了婴儿的生活。

母亲清理婴儿的排泄物，就像给婴儿哺乳一样，是同样重要的工作。母亲耐心地观察婴儿，并满足婴儿的需求，丰富婴儿身体的兴奋体验，会增进母婴之间的爱。

一个孩子的健康基础，是基于母亲对孩子的关爱。

Chapter 7
母亲喂养婴儿的特写镜头

母亲要为婴儿准备舒适的哺乳环境，
并且给哺乳留出充足的时间。

母亲照顾婴儿时获得的快乐，婴儿也能感同身受，并且知道有人在身边呵护他。或许是母亲设身处地为婴儿着想的能力，最终让婴儿感受到母爱。

母乳喂养与奶瓶喂奶

我将对两种哺乳方式进行比较，以此证明我的观点。一个婴儿在家里由母亲母乳喂养，另一个婴儿在养育机构里由护士奶瓶喂奶。

让我们先观察养育机构里的婴儿。阅读这篇文章的医生、护士以及照看者，如果你们确实要喂养很多婴儿，请你们一定原谅我用最糟糕的情况举例。

哺乳时间到了，养育机构里的婴儿不知道接下来要发生什么。这时，护士来了，她将婴儿放在婴儿床里，并稍微撑起抬高一点，然后用几个枕头支撑住奶瓶，这样奶水就可以流到婴儿的嘴里。护士把奶嘴放进婴儿的嘴里，稍作停留，然后转身去照顾其他正在哭泣的婴儿。一开始，进食可能会进展得很顺利，因为婴儿受到饥饿感的刺激，本能地吮吸奶嘴。问题是，奶嘴会一直留在婴儿嘴里，如果再过几分钟，就会对婴儿的安全造成威胁。

此时，婴儿哭闹或挣扎，然后奶瓶掉下去，缓解了刚才的威胁。过一会儿，婴儿又想再要回奶嘴，这时如果奶嘴没有出现，婴儿又开始哭闹。护士回来把奶嘴放进婴儿的嘴里，一切恢复如初，但是在婴儿看来，这个体验是令人不满意的。

让我们再来看看婴儿由母亲照顾的情况。母亲为宝宝安排舒适的哺乳环境，然后她抱着宝宝，让宝宝感到自在。如果采用母乳哺乳，婴儿就可以感受到母亲皮肤的纹理和温暖。此外，乳房与婴儿的距离是触手可及的，只要母亲允许婴儿触碰自己的乳房。一开始，婴儿并不知道乳房是母亲身体的一部分。如果婴儿的脸触到母亲的乳房，他并不知道这种美好的感觉来自哪里。事实上，婴儿触摸和抓挠脸颊的行为表明，婴儿以为他的脸颊和母亲的乳房一样。婴儿触碰的感觉是敏锐的、重要的。哺乳前，婴儿首先感受安静的环境，然后再感受母亲充满爱意的拥抱。婴儿喜欢母亲温柔地哺乳。一旦母亲的乳头与婴儿的嘴巴接触，就会给婴儿带来灵感：在与母亲接触外，或许还有很多值得了解的东西。慢慢地，母亲让婴儿在想象中，对她提供的东西感兴趣。婴儿开始含着乳头，用牙龈咬住乳头的根部，吮吸、停歇。最后，婴儿的牙龈松开乳头，转身到另一边，去对其他事物感兴趣。

建立愉快的哺乳体验

或许你已经发现，我描述的这段母婴的经历，与养育机构中婴儿的经历是截然不同的。当婴儿转过身去，母亲是怎么应对这种状况的？母亲并没有让婴儿重新开始吮吸，把乳头推回他的嘴里。母亲理解婴儿的感受，因为她是温柔的、体贴的，她会耐心等待。在一段时间内，婴儿会再次转向母亲，继续吃奶。整个哺乳过程不仅是婴儿从乳房中吃奶，而且婴儿与母亲的乳房发生联系，他懂得——只要他需要，母亲一直都在。

母亲允许婴儿转过身不吃奶的做法，是非同寻常的。当婴儿不再想要乳头时，母亲把乳头从婴儿嘴边收回，如此一来她确立了自己作为母亲的权利。起初，母亲并不是总能成功，有时婴儿也会表现出掌控感，比如拒绝进食或者直接入睡等。

那么，对于一个渴望哺乳的母亲来说，这是非常令人失望的。然而，如果母亲们理解，婴儿拒绝乳房或奶瓶的行为是有价值的，她们或许就能克服这些困难。母亲们会把婴儿拒绝进食或表现困倦，当作婴儿需要特别照顾的暗示。母亲要为婴儿准备舒适的哺乳环境，并且给哺乳留出充足的时间。婴儿的手臂可以自由活动，他们可以感受母亲的肌肤。如果没有良好的哺乳环境，那么即使母亲尝试强迫喂奶，也是徒劳无功的。

育儿实践出真知

孩子出生后，母亲的处境也值得关注。母亲经历产前的焦虑、分娩时的考验，产后仍然需要家人的帮助和医护人员的照顾。母亲特别容易产生依赖感，对身边任何一位女性的意见敏感，不管是医生、护士和助产师，还是自己的妈妈或婆婆。母亲是婴儿照顾者的最佳人选，因为她最了解如何用母乳哺乳；如果其他人将母婴护理的经验强加于她，那么她会非常为难。当然，最理想的情况是，产科护士、助产师与产妇之间关系融洽，意见一致。

婴儿大部分时间都在母亲身边睡觉，只要母亲低下头，就能照看床边摇篮里的婴儿。母亲会逐渐习惯孩子的哭声，如果她因为孩子的哭闹而受到干扰，家人可以将孩子暂时抱走，过一会儿再抱回来；如果她感觉婴儿需要食物，或者想要与她有身体接触，就会有人帮助她把婴儿抱在怀里，给婴儿喂奶。

你可能也听说过，年轻的母亲对育儿不知所措，没有任何人帮助她；婴儿被放在另一个房间，也许房间里还有其他婴儿。房间里不时传来婴儿的哭声，但母亲分辨不出自己孩子的哭声。到了喂奶时间，有人把婴儿送过来，交给母亲。可想而知，虽然母亲抱着婴儿，但她感觉不到涌动的生命之流，婴儿也体会不到母亲的关爱。你甚至听说过所谓的"帮手"，当婴儿还没有开始吮吸时，他们就急切地把婴儿的嘴巴硬凑到母亲的乳房旁边。对婴儿来说，这真是可怕的经历。

母亲也要通过体验，学习如何成为好母亲。仅仅从育儿书中学习的经验，是远远不够的。重要的是，父母要相信自己，相信宝宝是在温馨的家庭中快乐成长的。

Chapter 8
母乳喂养更好吗？

───────────

母乳喂养，让婴儿更加依恋母亲。

在上一章，我们以个人体验的方式讨论了母乳喂养。在本章中，我们将从技术层面来探讨这个问题。首先，我们站在母亲的角度来了解这个问题，以便医生和护士为母亲找到解决问题的办法。

有人会问：母乳喂养的真正价值是什么？婴儿在断奶期间应遵循什么原则？显然，对于母乳喂养在生理学和心理学上都存在疑惑。当我们从心理学的角度探讨时，就把身体加工过程的研究留给儿科医生。

母乳，连接母婴关系的纽带

婴儿的真实感受是变幻莫测的。尽管我们都知道婴儿的感受储存在记忆深处，但是绝对无法轻易地重新唤醒它们。研究发现，那些患有严重精神疾病的人，会反复出现婴儿式的强烈感受；患者恐惧或悲伤的状态，与婴儿的某种状态十分相似。当观察婴儿时，我们很难把我们的所见所闻转化为情感并表达出来；或者我们会错误地想象，因为我们把后来发展产生的各种想法都融入到这个情境中了。母亲关爱自己的孩子，与婴儿情感交织、产生共鸣，但这种能力会在婴儿出生后的几个月便消失。

医生和护士对婴儿心理的了解并不比其他人多。据说，在母乳喂养的过程中，婴儿和母亲之间的纽带是最强大的。一般来说，动力性心理学是正确的，尤其是婴儿早期的心理学。在其他科学领域中，如果某种物质被证明是真实的，人们通常可以很快地接受，而没有顾虑；而在心理学中，因为有情感张力，所以人们更容易接受不太真实的东西。

在母乳喂养的过程中，婴儿和母亲的关系特别亲切。此外，这种关系又是极其复杂的，因为它必须包含期待的兴奋感、进食时的体验、生理满足感，以及从本能紧张感转为放松感。

然而，这种本能并不是婴儿生活的全部。婴儿与母亲的关系只存在于两种活动，一种是进食；另一种是排泄。这些经历使婴儿感觉兴奋，情绪达到高潮。对于婴儿来说，在早期的情感发展中有一个艰巨的任务，那就是将两种类型的关系与母亲结合起来：一种关系中婴儿可以唤醒本能；另一种关系中，母亲是环境的提供者，她给婴儿提供安全、温暖的环境。

母乳喂养的价值

我们应该帮助婴儿确立"母亲是一个完整的人"的概念，使他们在兴奋、喜悦和满足中获得良好的体验。当婴儿逐渐认识到母亲是一个完整的人时，就会发展出一种能力，并回报母亲对自己的付出。因此，婴儿也能发展成为一个完整的人。婴儿虽然对母亲心存感激，但还没有能力回报，这就是婴儿负罪感的源头。如果母婴关系取得了双重成功，即建立融洽的母婴关系，母亲能把婴儿当作一个完整独立的人看待。此时，婴儿的情感发展已经朝着健康的方向，并为独立存在于世界奠定基础。许多母亲认为，她们在与婴儿建立良好的关系后，希望婴儿经常用微笑来回应。为实现这个目标，需要良好的母爱经验和给予本能满足。维系母婴之间早期建立的关系，对儿童的发展具有至关重要的作用。

如果母亲由于某种原因不能哺乳，那么她也可以与婴儿建立其他的早期关系。母亲可以用奶瓶喂奶，满足婴儿的本能需要。总的来说，采用母乳喂养的母亲，似乎能够在哺乳过程中获得更丰富的经验，有助于建立母婴关系。如果本能的饥饿满足是婴儿唯一的需求，那么母乳喂养就不会比奶瓶喂奶有优势。

母乳喂养还有一个特殊的价值，那就是婴儿为自己攻击念头而发展出担心和忧虑的能力。在生命之初，婴儿的幻想附着在吃奶的兴奋以及各种体验上。在母乳喂养时，婴儿幻想对乳房无情的攻击，当他渐渐觉察到被攻击的乳房属于妈妈时，幻想变成对妈妈的无情攻击，婴儿渐渐发展出担心和忧虑的能力。满意的哺乳不仅满足了婴儿的生理需要，也满足了他的攻击性幻想，以及参与关系的情感能力。

乳房与奶瓶之战

经过 1 000 次母乳喂养的婴儿，显然与用奶瓶喂奶的婴儿截然不同。我并不是说用奶瓶喂奶的母亲做得不好。毫无疑问，用奶瓶喂奶的母亲，也可以和她的婴儿一起玩耍。

有的婴儿不能接受母乳喂养，这是一件很常见的事情。这种情况不是因为婴儿天生的缺陷，而是因为母亲适应婴儿需求的能力受到干扰。在这种情况下，如果母亲仍然坚持母乳喂养，那结果将是糟糕的。母亲可以尝试奶瓶喂奶，就可能解决问题。一个处于困境的婴儿，在从母乳喂养转变到奶瓶喂奶后，就可以顺利进食了。我们观察到，焦虑的母亲让婴儿断奶后，婴儿反而获得解脱。成功的哺乳对母亲来说很重要，有时甚至比对婴儿更重要。

成功的哺乳，并不代表所有的母婴问题都会得到解决。成功的哺乳只是强烈的、丰富的人际关系的开始，同时婴儿也会出现越来越多的问题；这些问题表明，母亲和婴儿正在解决生活中固有的、真实的困难。医生可能会觉得，奶瓶喂奶代替母乳喂养，可以预防很多问题，并且可以减轻母亲的负担。但是，这仅仅是从健康和疾病的角度出发的。真正关心婴儿成长的人，必须要从人格发展的角度思考哺乳问题。

以母乳喂养的婴儿为例，他们很快就能发展出一种能力，能够使用某些客体来象征乳房，从而象征母亲。婴儿与母亲的关系，会通过婴儿与手掌、拇指或其他手指，或是一块布、一个柔软的玩具的关系表示。婴儿情感目标的转移是一个渐进的过程，只有当婴儿通过体验了解乳房，才能找到一个客体代表乳房。很多人认为，奶瓶可能是乳房的替代品，或许只有婴儿才有发言权。在某种程度上，奶瓶是母婴之间的一道屏障，而不是联结物。

研究婴儿断奶的问题很有趣，因为母乳喂养和奶瓶喂奶会为断奶带来不同的影响。在婴儿成长过程中的某个阶段，婴儿喜欢玩丢东西的游戏。这时，母亲就知道断奶的时机到了。无论母亲采用母乳喂养还是奶瓶喂奶，都要提前为断奶做好准备。母乳喂养的案例中，母亲和婴儿会协商一个断奶的时间，在这段时间里，婴儿会对离开乳房产生愤怒，并且产生攻击的想法。这种攻击的想法仅仅是出于愤怒，而不是出于欲望。对于婴儿和母亲来说，这是一个非常丰富的经历，比他们通过奶瓶喂奶更为丰富。

领养的宝宝灵活选择喂养方式

对于领养的婴儿来说，还有一个实际的问题：婴儿是吃一段时间的母乳好，还是从一开始就不吃母乳更好呢？这个问题恐怕没有准确的答案。很多人认为，如果母亲有机会给孩子喂奶，至少在一段时间内，先用母乳喂养更好；但是在这一段时间后，母亲可能会因为和孩子分开而感到极度痛苦。哺乳的方式应该灵活选择，并适当考虑母亲的感受。成功的母乳喂养，为断奶提供了良好的基础。婴儿的出生经历非常重要，特别是他们的哺乳经历和最初几周的健康状况。婴儿拥有良好的经历，很容易继续接受哺乳。

如果领养的孩子长大后接受心理治疗，那么在他生命之初有接触乳房的经验，治疗效果会更好，这为孩子丰富的人际关系奠定了基础。尽管如此，大多数孩子并不会主动寻求心理治疗。因此，在安排领养时，最好从可靠的奶瓶喂奶开始，因为这种方式并没有密切地接触母亲。从一开始就用奶瓶喂奶的婴儿，虽然在体验上比较匮乏，但是可以让领养者不那么混乱。

总之，对于母乳喂养的替代方案，是不能一概而论的。从母亲的角度来看，母乳喂养不仅提供了最丰富的体验，而且是更令人满意的方式；从婴儿的角度来看，母乳喂养让他们更加依恋母亲。由于母乳喂养有丰富的体验，母婴关系难免会遇到一些困难，但这不能被视为反对母乳的理由，哺乳的目的并不是避免出现问题或症状；育儿的目的不仅在于养育婴儿健康的身体，而且包括尽可能为婴儿提供丰富的体验，比如塑造婴儿个人性格和人格的体验。

Chapter 9
婴儿为什么哭泣?

母亲在没弄清楚婴儿哭泣的原因之前, 最好不要轻举妄动。

婴儿需要母亲的奶水和温暖, 同时也需要母亲的关爱和理解。如果母亲想要了解婴儿, 就应该在婴儿需要帮助的时候伸出援手, 因为没有人比母亲更了解自己的孩子。

婴儿在哭泣的时候, 最需要母亲的帮助。正如你所知, 大多数婴儿经常哭得很厉害。当他哭泣时, 母亲是让他继续哭, 还是去安抚他, 马上给他喂奶? 婴儿哭泣是有多种原因的。母亲在没弄清楚婴儿为什么哭之前, 最好不要轻举妄动。

我们可以把婴儿哭闹的原因分为四种: 满足、痛苦、愤怒和悲伤。婴儿的哭闹, 或是给婴儿一种在锻炼肺部的感觉

（满足），或是一种苦恼的信号（痛苦），或是一种生气的表达（愤怒），又或是一首伤心的歌（悲伤）。

给婴儿带来满足感的哭泣

婴儿为了获得满足感的哭闹，几乎是为了快乐而哭泣的；很多人会觉得，每当婴儿哭闹时，一定是痛苦的。我们必须认识到，哭泣也可以与快乐有关，就像它和身体功能的运作有关一样。因此，偶尔的哭泣对婴儿来说会带来满足感。

一位母亲告诉我："我的宝宝很少哭闹，除非是在吃奶前。当然，他每天也会哭上一小时，我想是因为他喜欢这样做，他并不是真的有什么麻烦。我会让宝宝知道我就在附近，但不会马上安抚他。"

母亲是否应该立即抱起正在哭闹的婴儿？有些人告诉新手妈妈们，不要让婴儿哭，也不要让婴儿把拳头放进嘴里，或吮吸拇指。这些人不知道婴儿有自己的方法来处理他们遇到的问题。

无论如何，很少哭闹的婴儿，不一定比喜欢哭闹的婴儿表现得更好。就我个人而言，如果我必须在两个极端之间选择，我会选择爱哭闹的婴儿，因为他们已经知道表达自己。

不过，你不要让哭泣的婴儿经常陷入绝望。

在婴儿看来，任何身体锻炼都是有益的。深呼吸本身也是一种运动，这是新生儿的一项成就，它对婴儿来说相当有趣。尖叫、喊叫以及各种形式的哭闹，会让婴儿产生兴奋感。如果我们认识到哭泣的价值，就可以发现哭泣在婴儿遇到困难时能起到安慰作用。我们必须承认，哭泣也有好的一面。

医生们说，新生儿响亮的哭声是其健康和力量的标志。哭泣是健康和力量的标志之一，也是婴儿早期的一种锻炼形式。哭泣让婴儿有强烈的满足感，甚至是令人愉快的。

婴儿痛苦的哭泣

我们能够识别婴儿痛苦的哭声，婴儿通过这种天然的方式，让我们知道他遇到麻烦了。当婴儿感觉痛苦时，他会发出尖锐或刺耳的哭闹声，并提示你哪里出了问题。例如，如果他肚子痛，他就会把腿蜷缩起来；如果是耳朵痛，他会把一只手伸向那只耳朵；如果是亮光使他感到不安，他可能会把头转向一边。

婴儿有一种痛苦叫饥饿。婴儿非常了解这种痛苦。母亲希望婴儿身体健壮，食欲旺盛；母亲也希望经常看到婴儿狼吞虎咽的样子。当婴儿兴奋过度，有时会感到痛苦，于是通过哭闹表现出来。此时，如果母亲能及时喂奶，就会让婴儿忘记痛苦。

婴儿逐渐明白，他必然会感到痛苦。当母亲给婴儿换衣服时，婴儿知道自己的舒适和温暖即将消失，预感自己会被挪动位置，安全感会消失。所以，当母亲解开婴儿衣服最上面的扣子时，他就开始哭闹了。

婴儿哭泣是因为害怕受到干扰，而他已经学会预知干扰。以往的经验告诉他，在接下来的几分钟内，之前所有的保护都将消失，也就是说，他的身体将被暴露，被移动位置，他将失去热量。

婴儿恐惧的哭泣，根源在于痛苦。婴儿会记住这种痛苦，并预知痛苦再次发生。当婴儿经历剧烈的痛苦后，预感到痛苦再度袭来时，他就会因为恐惧而哭泣。很快，婴儿的头脑中充满恐惧的想法，或许他会回忆起曾经的痛苦经历，尽管这些经历是婴儿想象出来的。

婴儿具有伤害性的、愤怒的哭泣

我们都见过婴儿发脾气的样子，也能体会他们的愤怒。不管你如何安慰他们，都无济于事；在我看来，婴儿生气地哭闹可能说明他对你信任，他希望自己能改变你。一个对母亲失去信心的婴儿不会愤怒，他会以一种悲伤的、幻灭的方式哭泣，或者他会做出伤害自己的事情。

对婴儿来说，了解自己的愤怒程度，有益于身心健康。当婴儿生气，他会放声尖叫，或者拳打脚踢；年纪大一点的孩子，他会咬人、抓人，还会吐口水；如果孩子极度愤怒，他可能会大发雷霆。在短短的几分钟里，孩子似乎想毁坏周围一切的人和事物，这种状态十分危险。通常，你会尽全力帮助孩子走出愤怒摧毁的状态。如果婴儿在愤怒中哭闹，他感觉似乎摧毁了周围的人和事物；然而，周围的人却保持平静，似乎没有受伤。这种经历可以增强婴儿识别真相的能力，让他觉得真实的事物并不一定是现实，幻想和现实同样重要，但它们终究是不同的。因此，当婴儿愤怒地哭闹时，周围人的反应很重要。

有些成年人处理周遭事情时，不敢发脾气。如果他们像婴儿一样，肆无忌惮地表达愤怒，必然会担心后果。遗憾的是，他们从来没有适当地调整情绪。也许，他们曾经发脾气的时候，吓到自己的母亲了，所以他们才会隐藏自己真实的感受。这样做可能会让人舒心，但对他们自己有害。

起初，婴儿没有意识到哭闹的力量，他还不知道自己的喊叫声有杀伤力，就像他不知道自己制造混乱就能带来麻烦一样。但是在短短的几个月内，婴儿开始感觉到自己是有危险的，意识到自己有伤害他人的能力；再过几个月，婴儿知道他人会遭受痛苦，并产生内疚。

在观察婴儿的过程中，你可以获得很多乐趣。

悲伤哭泣背后的复杂情绪

婴儿的感受是非常直接的、强烈的，当我谈到悲伤的哭泣时，我很难回忆起自己在婴儿时期的悲伤，因此我们不会通过直接的同情来理解婴儿的悲伤。

当婴儿悲伤地哭泣时，你可以推断，他在情感的发展上已经前进了一大步。你不可能代替他伤心，正如你不可能阻止他生气一样。但是，愤怒和悲伤是有区别的，愤怒或多或少是对挫折的直接反应，悲伤则暗示婴儿头脑中出现复杂的事情。

在某种程度上，婴儿悲伤地哭泣是在自娱自乐。当他等待困意淹没他的悲伤时，他可以轻易地尝试不同的哭声。等他再长大一点，你可能就会听到他伤心地哼着歌入睡。此外，婴儿哭泣更多的是因为悲伤，而不是愤怒。

　　我举个例子来说明悲伤的价值。有一个 18 个月大的女孩，她在 4 个月大的时候被人收养。她没有像幸运的婴儿那样，有一个好母亲，因此她特别依赖她的养母。女孩非常需要养母的陪伴，而养母也时刻陪在女孩身边。在女孩 7 个月大时，养母曾经让一个育儿帮手照顾她半天，但结果几乎是灾难性的。现在，女孩已经 18 个月大了，养母想休假两周，于是她把休假的安排告诉孩子，并拜托熟悉的人来照顾她。然而，在这两周大部分时间里，她非常烦躁，也没有心思玩耍，根本无法接受养母不在身边的事实。她害怕极了，但不敢表现出悲伤。后来，养母终于回来了，女孩愣愣地看着养母，确认自己看到的是真实的，然后她紧紧地用双臂搂住养母的脖子，泣不成声，过了好一会儿，才恢复了正常的状态。

　　从旁观者的角度来看，我们认为女孩在养母回来之前是最伤心的。然而，在小女孩看来，只有当养母回来，她才感到悲伤。为什么会这样呢？在养母回来之前，女孩必须先应对害怕的情绪。养母的离开，让女孩想起对母亲的恨意。我之所以选择这个例子，是因为女孩很依赖她的养母，这让我们很容易观察，如果孩子憎恨她的母亲，是多么危险的事情。

　　养母回来后，女孩做了什么呢？这个女孩搂住养母的脖子，哭了起来。女孩的这个举动，她的养母会如何理解呢？她会对孩子说："我是你的好妈妈。即使你因为我的离开而怨恨我，你也很害怕；你觉得我离开是因为你做了坏事，为此，你深深地愧疚；你觉得我是因为你才离开的，而且永远离开了。直到我回来了，你搂着我的脖子，你的悲伤使你渴望搂着我的脖子。虽然你认为我的离开伤害了你，但又觉得一切都是你的错。你感到内疚，好像你是世界上一切坏事的根源；实际上，你只是我离开的部分原因而已。因为你太依赖我，所以更容易使我疲惫不堪，可是既然我选择收养你，我从来就没有因为被你弄得筋疲力尽而怨恨你……"

悲伤哭泣的重要价值

孩子的哭泣是一件复杂的事情，这意味着孩子已经开始立足于这个世界。孩子不再随波逐流，他已经开始为周围的环境负责；孩子意识到，他要对发生在自身的事情和生活中的外部因素负全部责任。

让我们来对比悲伤的哭泣和其他类型的哭泣。我们可以分辨出，婴儿因痛苦而哭泣，也会表达愤怒和恐惧。愤怒出现在婴儿懂事后，恐惧则代表婴儿能够预知痛苦，表明婴儿已经有了想法。悲伤的意义远远大于其他情绪；如果母亲们明白悲伤的价值，她们就能避免错过一些重要的事情。当孩子长大后，说出"谢谢"和"对不起"时，父母们就会感到欣慰。其实，感谢和抱歉的表达也包含在婴儿悲伤的哭泣中，这种自然的表达方式比语言更有价值。

在融洽的母婴关系中，即使孩子生气，他也很少表现出愤怒的情绪。事实上，一个悲伤的婴儿可能更需要妈妈的抚触来表达爱。然而，他并不需要刻意被人摇晃或者逗乐，也不需要别人以其他方式安慰他的悲伤。婴儿暂时处于悲伤的情绪，一会儿就能恢复。妈妈可以让他自己哭一会儿，你只需让他知道你还爱着他，就足够了。孩子从悲伤或罪恶感中恢复，这种感觉很美妙。有时，你发现孩子因为淘气而遭到责骂，然后感到内疚并大声哭泣。当你原谅孩子后，他会感到轻松愉快。孩子是如此渴望体验从悲伤中被治愈的经历。

这就是不同类型的哭泣。当然，还有绝望和崩溃的哭泣。如果孩子心中没有希望，就会发出这种哭声。你可能从来没有听到过这种哭声，如果你听到了，或许孩子的情况早已经超出你的能力范围，那时孩子需要专业心理医生的帮助。尽管如此，你仍然是照顾婴儿的最佳人选。你愿意全心全意地照顾你的孩子，说明你的孩子是幸运的。

Chapter 10
触碰这个世界

对于孩子来说，每一种感觉都是新鲜而强烈的。

学者们经常讨论：什么是真实，什么是虚幻。有人说，真实意味着我们都能触摸到、看到和听到的东西；还有人说，只有感觉到的真实才叫真实，就像一场噩梦的感觉，或者讨厌某种行为的感觉。这听起来很难理解，而且这些事情与母亲有什么关系呢？

养育孩子的母亲需要应对不断发展变化的孩子。婴儿刚出生，对这个世界是一无所知的。在母亲的悉心养育中，婴儿逐渐长大，他们了解世界，并找到生活在这个世界上的方式，甚至参与到这个世界中。这是一个多么非凡的发展啊！

有些人难以分辨真实的事物，他们并不能判断什么是真实的。很多人都做过仿佛真实的梦，它比现实更真实。对有些人来说，他们想象的世界似乎比现实世界的体验更真实，因此他们无法从容地生活在现实世界。

对于成年人来说，他们可以用想象力让世界变得更美好，也可以利用现实世界丰富自己的想象力。我们也是这样长大的吗？除非我们生下来都有一位好妈妈，让孩子一点点触碰这个世界。

蹒跚学步的孩子是如何看待世界的呢？对于孩子来说，每一种感觉都是新鲜的、强烈的。作为成年人，我们只有在特殊时刻才会产生一种强烈的感情。比如，有的人可以通过听音乐、绘画或看足球比赛达到兴奋状态；还有的人盛装参加舞会或其他活动，也能拥有这种兴奋状态。快乐的人既能立足于现实世界，又能保持童心，享受强烈的感觉，即使是在梦里。

父母不要扼杀孩子的想象力

对婴幼儿来说，生活就是一系列紧张刺激的经历。也许你已经注意到，当你打断孩子的游戏时，会发生什么；如果可能的话，你可以给孩子提个醒，这样孩子就能提前结束游戏，容忍你对他的干涉。某个叔叔送给孩子一件玩具，它是现实世界的一部分，但是最好它是在合适的时间、以恰当的方式送给孩子，这对孩子更有意义。也许我们还记得小时候，你拥有一个小玩具，以及这个玩具对当时的自己的意义。2岁、3岁或4岁的孩子，他们同时处于两个世界，即我们与孩子分享的世界，和孩子自己想象的世界。父母在与这个年龄段的孩子相处时，并没有将外部世界的看法强加于他们。孩子们也并不需要按照父母的要求生活。如果一个小女孩想要飞，我们不会对她说"孩子是不会飞的"，而是把她抱起来，把她举过头顶，再把她放在橱柜顶上，这样她就会觉得自己像鸟儿一样，飞回了自己的巢穴。

过不了多久，孩子就会发现，飞翔不可能神奇地完成。一些童话故事，比如《七里靴》（*Seven-League Boots*）或《魔法飞毯》（*Magic Carpet*），都是成年人分享的想象中的世界。除了做梦之外，人们出现的其他的强烈感觉，或多或少都与产生飞翔的感觉有关。

父母不要把现实强加给孩子，即使在孩子五六岁的时候，也不要这样做。如果孩子顺利成长，到了相应的年龄，孩子就会对现实世界产生强烈的兴趣。现实世界可以向孩子提供丰富的内容。孩子接受现实世界，并不意味着想象力或内心世界的消失。

对于孩子来说，内心世界既可以是外在的，也可以是内在的。因此，当我们陪孩子玩游戏，或者以其他方式参与孩子的想象体验时，我们就能进入孩子的想象世界。

举例来说，一个 3 岁的小男孩，他非常快乐。他整天独自玩耍，或与其他孩子一起玩耍。他能够坐在餐桌前，像成年人一样吃饭。白天，他善于分辨现实与想象之间的区别。可是到了晚上，他会怎样呢？他睡着了，又进入梦乡。有时候，他会尖叫着醒过来。妈妈听见后立即走进孩子的房间，把灯打开，并把孩子搂在怀里。他会感到高兴吗？相反，他也许会大叫道："走开，你这个女巫！我要我的妈妈。"显然，他的想象世界已经扩展到现实世界。母亲等了大约 20 分钟，无计可施，因为对此时的孩子来说，她就是一个女巫。突然，孩子紧紧地搂着妈妈的脖子，好像才意识到她的存在。孩子还没来得及告诉她"女巫骑着扫帚"的梦，就又睡着了。这时，妈妈可以把他放回小床上，回到自己的房间。

如果你有一个 7 岁的小女孩，她非常可爱。有一天她告诉你，在她的新学校里，所有的孩子都排斥她，女老师也很讨厌她，总是挑她的毛病。你会是什么感受？当然，你很可能去学校找老师谈谈。然而，你可能会发现，似乎是自己的女儿带来了麻烦，令老师很苦恼。

对婴幼儿来说，他们不需要确切地了解世界的样子，他们也可以存在幻想。你可以通过和老师耐心地沟通，解决孩子的问题；但你很快就发现，孩子又出现了其他问题。再过一段时间，一切问题都解决了。

如果我们观察幼儿园里的小朋友，我们很难通过自己对女老师的了解，来猜测小朋友是否喜欢她。你也许认识这个老师，你对她评价不高，可是孩子却丝毫不受你的影响，很喜欢这个老师。对孩子来说，她是和蔼可亲的人。所以，我们无法帮助孩子评判人和事物。

帮助孩子区分现实和虚幻

上述的种种情况，都源于早期母婴关系的质量。母亲和她的孩子分享世界的一部分，只要分享一小部分就够了，这样孩子才不会感到迷惘。等孩子长大一点，母亲应逐渐扩大这一部分，满足孩子对世界的探知能力。这是养育职责中重要的一部分，母亲可以自然地完成。

其实，母亲还做了两件有重要意义的事情：一件是她不厌其烦地避免巧合，因为太多巧合会造成孩子的混乱。例如，在断奶的时候把婴儿交给别人照顾，或者在麻疹发作时给孩子吃刺激性食物等。另一件事是母亲能够区分现实和幻想，这点值得我们深入地研究。

当男孩夜里醒来，误把他的妈妈当成女巫时，母亲很清楚自己的身份，所以她愿意等孩子清醒过来。第二天，孩子问她："妈妈，真的有女巫吗？"她轻松地回答："没有呀。"与此同时，她又指了指那本有女巫的故事书，把里面的故事讲给孩子听。同样，当你的孩子拒绝你精心准备的牛奶布丁，并向你做个鬼脸，意在表达这种布丁有毒的时候，你并不会难过，因为你非常清楚食物并没有问题。你也知道，孩子仅仅是在幻想。你会找到解决困难的方法，很可能在几分钟后，孩子就会津津有味地品尝起来。

总之，你有分辨现实和虚幻的能力。你对事物清晰的认知，对孩子有很大帮助，因为孩子只是逐渐地认识世界并不是想象出来的，想象的世界也不完全是真实的。你知道孩子喜欢的物品，它们几乎是孩子自我的一部分，如果有人拿走它们，孩子会不高兴。当孩子开始扔掉这些物品时，你就知道孩子允许你离开也接受你回来的阶段到了。

我想再谈谈早期喂养。当婴儿准备召唤时，母亲让她的乳房（或奶瓶）随时待命；当婴儿不想进食时，母亲就让乳房（或奶瓶）消失。母亲已经给婴儿建立了一个良好的开端，让他触碰这个世界。在9个月的时间里，母亲大约需要喂奶 1 000 次，母亲以微妙的方式满足婴儿的需要。对于幸运的婴儿来说，世界从开始就与他的想象一致，因此，世界被编织进婴儿的想象中，婴儿的内心世界，因为感知外部世界而变得丰富。

关于"真实"的含义。如果一个人有位好母亲，当他还是婴儿时，就用良好的方式向他介绍这个世界，那么他将看到两种真实的类型，他也能够同时感受到两种真实的存在。反之，如果另一个人，他的母亲把一切搞得很糟糕，那么对这个人来说，只会有一种真实，或者是现实的，或者是幻想的。他看到的是一成不变的世界，或者是一个虚无缥缈的世界。

世界的样子，很大程度上取决于母亲是如何呈现给孩子的。平凡的母亲也可以开启并坚持完成这项令人惊叹的工作，向孩子介绍这个世界。母亲不需要像哲学家那样聪明，只是出于她对孩子的深爱。

Chapter 11
每个婴儿都是独立的个体

孩子只有体验完整的过程，才能懂得把握时间。

　　我一直在想，如何把婴儿描述成一个独立的个体。当食物进入婴儿体内，其中一部分被运送到身体各处，用于组织生长；一部分以能量的形式储存起来；还有一部分则以某种方式被消耗掉。我们带着对婴儿身体的兴趣，进一步观察。

　　你对孩子的爱、你付出的一切，就像食物一样被婴儿吸收，然后婴儿从中创造出有价值的东西。不仅如此，婴儿还会利用你和抛弃你，就像对待食物一样。也许我们得等到他长大一点，才能继续讨论下去。

　　他是一个 10 个月大的小男孩，此时他正坐在妈妈的膝盖上，他的妈妈正在与我交谈。他活泼好动，天生对周围的事物感兴趣。为了避免小男孩惹麻烦，我事先在桌子的角落里放了一件很吸引人的物品，摆放在我和他母亲的座位之间。我们继续交谈，不时用余光观察着孩子。如果他是一个正常的婴儿，他就会注意到那件吸引人的物品（假定是个勺子），他会伸手去拿它。事实上，当他想要去拿的时候，会感到紧张。他似乎在想："我最好还是谨慎考虑一下，不知道妈妈的想法。我还是再等等，弄清楚再说。"于是，他把目光从勺子上移开，就好像他没有看见一样。不过，过不了多久，他又会恢复对它的兴趣，试图把一根手指放在勺子上。他可能会抓住勺子，试探地看着妈妈，想从妈妈的眼神中读懂什么。说到这里，我要告诉母亲该怎么做了，否则她可能采取行动。

小男孩逐渐从母亲的眼神中发现，自己的行为并没有遭到反对，于是他把勺子握得更牢了，开始把它变成自己的物品。然而，他仍然非常紧张，因为他不确定接下来会发生什么，他甚至都不确定自己用那把勺子做什么。

很快，他就明白自己想用勺子做什么了，因为他的嘴开始兴奋起来。虽然他仍然安静地坐着，但他的嘴里流出唾液。他想要咬住那把勺子，没过多久，他就把勺子放进了嘴里。婴儿在抓住某件物品时表现出的欲望和占有，就像狮子、老虎的侵略性一样。

小男孩拥有了那把勺子。他已经没有了专注、好奇和怀疑的感受，相反，他变得很自信，并且内心因为新获得的物品而变得充实。在他的想象中，他已经把勺子吃掉了，就像食物进入身体并被消化一样。小男孩用想象的方式，让这个勺子成为他自己的物品。那么，他将如何使用呢？

小男孩也许会把勺子放进妈妈的嘴里，他想让妈妈也玩吃勺子的游戏。你要知道，他可不想让妈妈真的咬住勺子，要是妈妈真的把勺子咬进嘴里，他会很害怕的。对孩子来说，这只是一个锻炼想象力的游戏。他喜欢玩，并且邀请妈妈一起来玩。

小男孩想让大家一起分享他的勺子。他把勺子塞进母亲的上衣口袋里，然后他把它拿出来；他又将勺子塞在吸墨纸的下面，不亦乐乎地玩着失而复得的游戏。他可能会注意到桌子上有一个碗，于是想象用勺子从碗里舀食物吃。这就是一次丰富的体验，它对应着人体内部神秘的消化过程、食物被吞食后消失的过程，以及食物残渣在粪便中被重新发现的过程。

随着小男孩把勺子扔掉，也许他的兴趣已经转移。我把勺子捡起来，递给他。小男孩似乎想要它，他又开始玩这个游戏，像以前一样。哦，他又扔掉了！显然，他扔掉勺子并非完全出于偶然，也许他喜欢听勺子掉在地板上的声音。你们会看到，如果我再把勺子递给他，他又会拿着它，然后故意扔掉。其实，他想做的就是扔掉勺子。我再一次把勺子递给他，他果然又扔掉了。他正在寻找其他感兴趣的物品，不再对勺子感兴趣了，这个游戏到此结束。

婴儿对某件物品产生兴趣，并把它变成自己的一部分。接着，他尝试使用它，最后兴趣消失。诸如这类事情，一定在你的家里不断地发生，但在这个特殊的环境中，我们明显观察到婴儿对整件事情的体验。

让孩子体验完整生活的过程

通过观察这个小男孩，我们学到了什么？

一方面，我们目睹了男孩一次完整的体验经历。在可控的环境下，发生的事情有开始、过程和结束，这是一个完整的事件。如果你很忙碌，或者担心被打扰时，你不能允许整个事件发生，你的孩子就没办法体验。然而，当你时间充裕的时候，你可以考虑让孩子体验完整的过程。其实，只有经历完整的过程，才能让孩子懂得把握时间。毕竟，婴儿并不是天生就知道某件事何时开始、何时结束。

　　此外，孩子开始一项新的冒险时，也会产生怀疑和犹豫。孩子伸出手去触摸和摆弄勺子，并在触碰后暂时收回兴趣。然后，他小心翼翼地观察着母亲的反应，发现被允许后就继续尝试。在试探的过程中，孩子一直是紧张不安、犹豫不决的。

　　面对你的孩子"冒险"时，你会怎么做？你要清楚允许孩子触碰什么物品，并且避免周围的环境有孩子不能触碰的物品。孩子试图了解触碰原则，以便最终能够预测你允许他做什么。等孩子长大一点儿，你可以说"太尖了""太烫了"，或者用其他方式表示那样做有危险。

　　你知道如何帮孩子区分他可以触碰的物品吗？首先，你要明确禁止孩子做什么，以及为什么要禁止；其次，你要清楚，你是预防者而不是补救者。与此同时，你还可以专门准备一些孩子喜欢触碰和玩的东西。

　　我们还可以从学习技能的角度，讨论观察的现象：婴儿如何学习伸出手去寻找和抓住物体，以及把物体放进嘴里。每当看到 6 个月大的婴儿能够体验整个过程，我都会大吃一惊。14 个月大的孩子兴趣广泛，他不可能像小婴儿一样，让我们观察得一清二楚。

　　婴儿不仅仅是一个人类的身体，他更是一个活生生的

"人"。在不同的年龄阶段，婴儿都在学习各种技能，记录婴儿的技能发展是很有趣的。除此之外，我们还可以记录婴儿的游戏活动。婴儿进行游戏活动，表明他的心中已经构建了想象的世界，我们将其称为游戏素材。婴儿内心想象的世界，也是他们游戏想要表达的内容。

婴儿富于想象力的生活，是随着身体经验不断积累而丰富的。3个月大的婴儿，可能会一边把手放在母亲的乳房上，一边吮吸母乳。一个小婴儿，正在从乳房或奶瓶吮吸奶水，同时又想要吮吸拳头或手指，这些迹象表明，进食活动不只是满足身体饥饿的需要。

通常，母亲从一开始就能看到，孩子是一个"完整的人"，但是有些人会对你说："在6个月之前，婴儿的行为只是身体本能和条件反射。"请你不要轻信这些话，好吗？

尽情享受并发现你的孩子，细心观察他是怎样的人，孩子也期望你这样做。因此，你不必匆忙，要为孩子提供充分的游戏时间；你不必惊慌失措，为孩子的一点儿小事而苦恼。重要的是，孩子存在着个人内心世界。如果某个游戏，可以满足你的玩性，那么你和孩子可以一起玩。

Chapter 12
断奶：孩子成长的必经之路

如果母亲清楚让孩子断奶的决定，断奶过程就会容易得多。

关于婴儿什么时候该断奶、如何断奶，你可以从医生那里得到建议。我想从日常生活的角度谈谈断奶的过程，帮助父母更清楚这个过程。

良好的喂养体验是成功断奶的前提

事实上，大多数母亲在断奶这件事情上并没有遇到困难。断奶的基础是之前良好的喂养体验。婴儿已经拥有需要的东西，否则母亲不能剥夺婴儿的权利。

婴儿 9 个月的哺乳期里，已经有 1 000 次以上的哺乳体验，留给他们很多美好的回忆。然而，重点不是哺乳体验，而是母婴之间的联结。母亲主动地适应婴儿的需求，使婴儿逐渐认识"世界是个美好的地方"。世界首先要满足婴儿，然后婴儿才能适应世界。

如果你和我一样，相信婴儿天生就有想法，或许你也不认同给婴儿定时喂奶，因为它扰乱了婴儿安静的睡眠或清醒的思考。婴儿本能的需求可能是激烈而可怕的。被饥饿感袭击的婴儿，内心会感到恐惧。

9个月大的婴儿，已经渐渐习惯忍受饥饿，并且能在本能冲动时保持冷静。婴儿甚至能够意识到欲望只是人的一部分。

当我们观察婴儿成长的时候，我们可以看到，母亲也逐渐被婴儿视为完整的一个人。当婴儿感觉饥饿，他意识到要给母亲添麻烦时，他的感受是多么糟糕啊！难怪有的婴儿会食欲不振；还有的婴儿抓着母亲的乳房不放，因为他们想要把乳房和母亲分开。在婴儿看来，母亲是美丽的、完整的一个人，而乳房是被兴奋攻击的对象。

成年人在亲密关系中，对彼此感到兴奋时，往往很难表达出激动之情，因为这样做会带来痛苦，或者导致关系破裂。总之，一个人健康的基础，是由平凡的母亲在婴儿期带给他完整的体验；母亲不畏惧婴儿的各种念头，当婴儿向她发起攻击时，她没有退缩。

抓住断奶的好时机

7～9个月大的婴儿开始玩扔东西的游戏了。这种游戏可能会让父母大为恼火，因为总得有人把掉落的东西捡回来。然而，婴儿认为这是一个重要的游戏。大多数婴儿在9个月大的时候，就知道该如何处理东西，因此，他们甚至可能会自己断奶。

断奶真正的目的是，利用婴儿正在发展的摆脱事物的能力，使婴儿离开母亲的乳房不再是偶然事件。为什么婴儿要断奶呢？我想，婴儿永远不断奶的体验是无趣的，也是不切实际的。

断奶的意愿来自母亲，母亲必须有足够的勇气忍受孩子的愤怒，以及伴随愤怒而来的可怕想法，这样才能圆满地完成喂养的任务。成功喂养的婴儿，更容易接受在适当的时间断奶。

通常，在婴儿满6月龄后，你已经开始为婴儿搭配其他辅食。婴儿更大一些时，你会提供稍硬的食物，让婴儿练习咀嚼。你已经习惯，并能接受婴儿对任何新事物的拒绝；慢慢地你会发现，通过耐心地等待，孩子会接受曾经拒绝的食物，这也是你耐心等待的回报。我不建议从全母乳到完全无母乳的突然转变。然而，由于疾病或其他原因，导致你不得不选择突然转变时，你也要预料到可能出现的问题，并做好准备。

在孩子断奶时，避免把孩子交给他人照顾。如果断奶的时间，恰好赶在搬家，或者你外出的时候，那对孩子将是一种遗憾。如果孩子拥有一个稳定的居住环境，断奶就会是他们成长的重要经历之一。反之，断奶可能就是困难的开始。

断奶的时期，孩子在白天可能非常适应，但在晚上最后一次进食时，只有母乳才行。你瞧，你的孩子正在逐渐成长，但他并不会勇往直前，有时也会后退。在成长的道路上，你为孩子拥有同龄人，或者超过同龄人的体格和心智而感到由衷的高兴，但是，他只是一个婴儿，你需要适应他的任何变化。

孩子逐渐长大，他正在学会面对困难。当孩子站起来，不小心把头撞在桌子上，然后他突然把头靠在你的大腿上，像个婴儿一样哭起来。你知道，他有点儿脆弱，此时需要你轻柔地安抚。

孩子迟早会完全适应断奶。如果你清楚自己要让孩子断奶的决定，断奶过程就会容易得多；如果你总是犹豫不决，孩子也会感到困扰。

婴儿断奶后的反应

你勇敢地给婴儿断奶，婴儿会有什么反应呢？也许，婴儿会自动断奶，所以你不必担心。只是在这种情况下，婴儿对食物的热情可能会减弱。

通常，断奶的过程是循序渐进的，而且是在稳定的环境下进行的。婴儿很喜欢新的体验，你不必认为：婴儿在断奶后出现的特别反应是不正常的。例如，一向进食良好的婴儿，可能痛苦地拒绝食物，或通过哭泣渴望母乳。

在这个阶段，如果你强迫婴儿进食，是不恰当的。你无法回避婴儿的特别反应，你只需耐心等待婴儿恢复进食。有时，婴儿会尖叫着从睡梦中醒来，你只能帮助安抚婴儿；孩子接受断奶了，但是情绪变得忧郁。其实，悲伤并不一定是坏事。婴儿偶尔会碰到伤心的事情，如果你愿意等待，他们就会从悲伤中走出来。

在断奶时期，婴儿经常会感到难过。环境的改变，可能会引发婴儿愤怒的情绪，想要破坏原本美好的东西。在婴儿的梦中，乳房不再是美好的，它变成糟糕的，甚至是危险的。

对于刚断奶的婴儿来说，他的妈妈没有变化，不过妈妈的乳房已经变坏了。妈妈必须给婴儿留出时间，进行心理调整和恢复。

断奶具有广泛的意义：断奶不仅促使婴儿尝试其他食物、主动用手取食，而且也是婴儿幻想破灭的渐进过程。这是父母育儿任务中重要的一部分。

平凡的父母，他们忍受着被孩子理想化和被憎恨的极端，希望孩子终有一日明白他们的良苦用心。

Chapter 13
婴儿喜欢什么样的母亲？

婴儿需要的是母亲本身，母亲的工作是"唤醒"婴儿。

人的发展是一个持续不断的过程。个人能力在不断发展，人格和人际关系也在不断发展。错过或破坏任何一个发展阶段，都会对一个人的成长产生不良影响。

健康是指与年龄相符的发育成熟，包括发展出与年龄相符的心理特征。从心理学的角度来看，如果一个人在情感发展的过程中没有经历任何障碍，那么他的情绪就是健康的。

父母对婴儿的悉心照顾，是父母必须要做的事情。缺失父母照顾的婴儿，有可能不会成长为一个健康成熟的成年人。

在身体方面，父母要允许孩子的身体出现异常；在心理方面，如果一个孩子缺失了成长过程中看似普通却必要的东西，比如亲密接触，那么他的情感发展过程必然会受到影响，甚至将影响他的一生。随着孩子的成长，经历复杂的内在发展阶段，最终建立良好的人际关系，父母就会明白，他们的悉心照顾，是孩子取得成功必不可少的因素之一。特别是婴幼儿阶段的培养，对一个人能否取得成功至关重要。

人生的故事不是从 2 岁、5 岁的时候才开始，而是从一出生就开始了，甚至从出生前就已经开始了。每个婴儿最初都是独立的个体，需要得到他人的关爱，然而没有人比母亲更加了解自己的宝宝。

让宝宝感受被爱与接纳

让我们来看看一位母亲和她的女婴的场景。母亲抱起女婴的时候会怎么做呢？母亲会一把抓住女婴的脚，把她从宝宝车里抱起来吗？她会一只手拿着烟，另一只手抱着宝宝？她绝对不会这么做。她会向宝宝暗示她要拥抱宝宝，她把手放在宝宝周围，用手环绕住宝宝的身体。事实上，当她抱起宝宝之前就得到宝宝的配合。她让宝宝靠在自己身上，让宝宝的头依偎着自己的脖子，这样宝宝就能感觉到母亲接纳了自己。

　　还有一位母亲和她的男婴。母亲怎么给他洗澡呢？难道她会将男婴直接放进水盆里吗？绝对不可能。母亲知道洗澡是一段难得的亲子时光，她准备要好好地享受。她将所有的操作环节都准备好，用手测试水的温度，观察宝宝的反应，确保宝宝的安全。洗澡的过程变成一种享受的体验，拉近母婴之间的关系。

　　为什么母亲顾虑很多呢？这是因为爱。因为母亲具备了母性，她对孩子不求回报地奉献，所以她能深刻理解孩子的需求。

　　我们继续谈论拥抱宝宝。母亲没有刻意地努力，她只是分阶段地拥抱宝宝。母亲用以下的方式，让宝宝接受拥抱：

　　（1）对宝宝发出提示；

　　（2）获得宝宝的配合；

　　（3）让宝宝的身体做好准备；

　　（4）把宝宝从一个地方抱到另一个地方，并让宝宝理解这样做的目的。

　　母亲避免用冰冷的手刺激宝宝，不会在换尿布时让宝宝感到不适；母亲不会把她所有的个人感情都牵扯到宝宝身上。有时，孩子不停地大喊大叫，让母亲十分困扰，但她还是会温柔地把孩子抱起来，没有任何怨言。照顾宝宝，就像行医一样，对母亲是严峻的考验。

　　某天，你还没整理好要清洗的衣物，洗衣工就打来电话催促；同时门铃响了，有人在敲门。这一切令母亲心烦意乱。当母亲的情绪恢复平静后，她才会抱起孩子。母亲通常会温柔地抱起孩子，孩子也逐渐习惯母亲的拥抱方式。母亲个人化的拥抱方式，使孩子能够轻松地寻找和识别，就像她的嘴、眼睛和气味一样。母亲能够处理好个人生活中的不良情绪，把属于孩子的东西留给孩子，这也是母婴关系重要的一部分。

妈妈是宝宝最需要的人

　　母亲主动地适应婴儿的需要，这种适应正是婴儿情感发展必需的，尤其是在婴儿早期阶段。母亲对婴儿早期阶段的辛勤付出，有非同寻常的意义。有些人认为，在婴儿生命最初的 6 个月里，母亲并不重要，养育技巧才是重要的。这种说法是片面的。

　　虽然有些育儿技巧是有价值的，但是我仍然确信，养育孩子是母亲的职责，没有人能代替母亲，也没有人能像母亲一样做得好。母亲应该坚信，她才是孩子最需要的人。这个观点不是基于与母亲的谈话，也不是基于猜测，而是我在长期研究后，不断验证而得出的结论。

母亲之所以不辞辛苦地照顾婴儿，是因为她希望婴儿健康成长。如果可能的话，婴儿应该由亲生母亲来照顾。母亲能从婴儿的角度出发，对婴儿怀有天然的兴趣，并且愿意让自己成为婴儿的整个世界。

婴儿刚刚出生时，婴儿感知的是母亲的养育模式和技巧，还有乳头的细节、微笑的模样、呼吸的气息和身体的气味。婴儿很小的时候，他可能在某些特殊时刻，对母亲形成一个完整性的概念。除了感知之外，婴儿还需要母亲作为一个完整的人，时刻陪伴在他身边。

我曾经冒险说过："世界上根本没有单独存在的婴儿。"如果你想要描述一个婴儿，你会发现在你描述的过程中，婴儿一定和某个人在一起。婴儿不会单独存在，他们是某种关系的一部分。

假如母亲与婴儿的联结被破坏，母亲就会失去无法挽回的东西。母亲对婴儿的养育是连续而稳定的。如果人们缺乏对母亲的理解，把婴儿从她身边带走几个月，然后再把婴儿还给母亲，这种母婴关系是断裂的，母亲很难继续发展与婴儿的关系。

做最好的妈妈

婴儿需要什么样的母亲呢？

首先，婴儿需要充满活力的母亲。婴儿能够感受母亲光滑的皮肤、温暖的呼吸，用嘴唇触碰她、用眼睛看着她，婴儿必须能完全接触母亲。如果母亲不存在，即使是最实用的育儿技巧，也是徒然。一名医生在偏远地区工作的价值，不仅在于他高明的医术，而且在于他就在那里，随时待命。医生的存在，满足了村民们的一种情感需要。医生对村民们来说如此，母亲对婴儿来说也是如此。

婴儿需要身体护理与心理照料相结合。第二次世界大战期间，我和一些人讨论饱受战争摧残的儿童的健康。有人向我询问："战争后如何对儿童进行心理干预？"我回答："给他们食物。"有人不解："我们指的不是生理干预，而是心理干预。"我仍然认为，在儿童饥饿的时候提供食物，即是充分满足心理需要。从根本上说，爱是以满足生理需要的形式来表达的。

当然，如果给婴儿接种疫苗就代表身体护理的全部，这与心理学毫无关联。婴儿不知道预防疾病的意义，可是，当护士给婴儿打针时，他必然会感到疼痛。如果身体护理选择恰当的时间、合理的方式，那么也是对婴儿的心理关照。只要婴儿喜欢某种身体护理，无论它是否和生理需求有关，它都满足婴儿的心理需要和情感需要。

其次，母亲要向婴儿介绍这个世界。通过母亲，婴儿开始接触外部的现实世界。人的一生，终究会与许多困难做斗争。婴儿需要母亲的指引和帮助，特别是在刚出生的时候。

一个从未吃过奶的婴儿，当婴儿感到饥饿，他的头脑里已经开始想象；婴儿准备好创造满足感，但是他没有任何经验。此时，母亲把婴儿抱在怀中，露出她的乳房，让婴儿可以触碰到；婴儿用嘴巴、手、脸部感知周围，慢慢地婴儿就能吃到奶水，即创造满足感。婴儿通过自己的视觉、嗅觉和味觉，将母亲的乳房记在脑海里。断奶之前，婴儿至少已经有 1 000 次哺乳体验，这也说明婴儿至少与外部世界接触 1 000 次了。母亲是唯一能够为婴儿提供亲密接触的人。在婴儿看来，他们创造出自己需要的东西，并形成一种观念，即世界包含人们想要的和需要的东西。

此外，婴儿需要的是母亲本身。母亲的工作是"唤醒"婴儿。婴儿认为，世界是由需要和想象而创造的。母亲见证婴儿经历信念幻灭的过程，然后帮助婴儿建立正确的信念，具有广泛的意义。渐渐地，母亲也让婴儿意识到，虽然这个世界可以提供人们需要的和想要的东西，但它不会自动发生，也不会立即实现。

你注意到我是如何从需要的概念，转变到愿望或欲望的吗？这个变化过程也说明孩子成长的变化，以及逐渐接受外部现实。

母亲为孩子全心全意地付出，并且满足孩子的需要。如果孩子离开依赖的环境，就必须尽早学会自我适应。孩子最初的情感发展，只能建立在与一个人的良好关系之上，这个人就是母亲。

Chapter 14
婴儿天生的品德

照顾孩子，要因材施教，尽量避免"训练"孩子。

父母应该把自己的道德观和信仰灌输给孩子吗？现实中，大多数父母最关心的就是如何"训练"孩子。

"训练"这个词，使我联系起很多育儿的事情，比如，孩子如何变得乖巧、讲卫生、听话、正直善良，等等。在我看来，"训练"孩子或多或少和照顾小狗类似。我们可以从养狗的过程中收获很多。如果主人明确自己的目的，小狗就会更加听话。其实，孩子也喜欢父母拥有自己的见解。然而，小狗并不会最终"长大成人"。父母照顾孩子，要因材施教，尽量避免"训练"孩子。

妈妈的反应对孩子的影响

我们来观察一个五六岁男孩画画的例子。男孩在画什么呢？他没有专心地画画，而是在乱涂乱画，这是孩子绘画的原始乐趣。与此同时，男孩又想表达自己的想法。男孩知道画面的平衡感很重要，所以房子的两边都有树；他也明白绘画的主题很重要，所以他清楚自己要表达的内容。在自我掌控的过程中，男孩慢慢地学会表达自己的想法，如果你耐心地观察，孩子就会自然地完成创作过程。

婴儿的表达方式相对晦涩。婴儿创作的"画"，往往令人迷惑不解，只有母亲才懂得捕捉和欣赏。婴儿的微笑、手势、吮吸的声音，都是他们的表达方式。当婴儿发出呜咽，敏感的母亲就会意识到，婴儿需要自己。如果母亲反应得很快，就能赶去处理好。这就是婴儿的合作意识与社会合群感的开端，母亲值得为此付出一切努力。有的大孩子已经学会自己小便，但他们有时还会尿床，因为他们想要回到婴儿期，试图弥补自己在婴儿期缺失的东西。孩子出现这种情况，说明母亲对婴儿兴奋或痛苦的敏感度不足，母亲错过了婴儿发出的信号。

婴儿不仅要妥善地处理母婴关系，而且他要依靠这种关系消除恐惧。在本质上，婴儿的恐惧是原始的，基于对陌生环境的担心。婴儿会变得兴奋、攻击或破坏，表现为尖叫或哭泣。在母亲的保护下，婴儿驱散了早期生活中的强烈恐惧。因此，婴儿更加依赖母亲。当母亲被婴儿咬的时候，她会做出反应，她明白婴儿只是有破坏意图，并不是真的要伤害她。或许，这也是婴儿表现兴奋的一种方式。

培养孩子的道德观

通常，孩子主要通过两种方式学习道德标准。

第一种是父母向孩子灌输道德标准和信念，而不考虑孩子的人格和个性。可悲的是，这种教育方式下培养的很多孩子，发展得不尽如人意；第二种是父母允许和鼓励孩子自行发展内在的道德倾向，这种方式更多的是出于母亲对孩子的敏感天性，属于母爱。

实际上，培养孩子的责任感是一个循序渐进的过程。在某种程度上，责任感的基础是一种负罪感。婴儿在 6 个月到 2 岁左右，会融合出一个想法，即当孩子想要毁掉一个对象时，他同时也爱着这个对象。在这段时间，孩子特别需要母亲。孩子既爱着母亲，又会攻击母亲，使孩子陷入一种平衡的焦虑中，这种焦虑感也被称为负罪感。婴儿对本能体验中的破坏性因素感到焦虑（内疚），他想要修复和重建。

相比父母强加给孩子的道德标准，孩子自己产生融合性的想法，更能带给他们深层次的道德感。当孩子拥有正确的是非观，母亲自身的敏感性就会减弱。

文明已经从孩子的内部开始发展。父母不能扼杀孩子的道德观，很多父母可能希望孩子乖巧、安静，这会导致孩子过度服从。孩子服从可能是为了得到父母的奖赏，而父母很容易把孩子的服从误认为成长。

Chapter 15
婴儿的本能与正常现象

不要把自己的是非观念强加于孩子，
否则孩子的本能会破坏这一切。

当孩子生病时，育儿技巧很容易造成误导。母亲不能期望孩子一直健康成长，要知道孩子也需要在挫折中成长。

儿童成长过程中出现各种"症状"是正常现象

健康的儿童无疑也会出现各种"症状"。

什么会导致孩子的健康问题呢？如果你的育儿技巧正确，只能说明你为孩子的健康奠定了坚实的基础，那为什么孩子还会出现健康问题？我想，主要与孩子的本能有关。在正常的情况下，孩子会反复出现兴奋，比如孩子感觉饥饿、模仿母亲说话等。孩子产生兴奋的想法，在其发展中起到重要的作用，它丰富着孩子的成长过程。

　　事实上，身体的任何部位都可能出现兴奋反应，比如皮肤。孩子喜欢抓脸，或者抓挠其他部位的皮肤，这很容易长出皮疹。如果你仔细观察孩子的身体，不难发现体现兴奋的其他方式。孩子兴奋的想法，伴随着身体的反应。兴奋不仅与快乐有关，而且与爱有关。渐渐地，婴儿会成为一个有能力爱别人的人，也能体会到别人的关爱。

　　孩子不可避免地会体验挫折感。挫折产生的愤怒情绪，影响着孩子的身体健康。当孩子产生愤怒情绪，他的心跳比以往任何时候都快，每分钟多达 220 次左右。

　　孩子试图寻找各种方法，避免产生强烈的感受。抑制本能的兴奋和冲动就是有效的方法之一。孩子进食时，克制自己的兴奋感；或者孩子只吃某种食物，而不接受其他食物；或者孩子喜欢其他人喂食，唯独不让母亲喂食。如果我们足够了解孩子，就能发现孩子的微妙变化，这些变化并不一定是疾病，只是孩子使用的小技巧，用以控制情绪而已。

　　喂养困难在儿童中也很常见。母亲只能接受在一段时间内，任凭孩子完全拒绝食物，因为如果她们强迫孩子进食，只会增加孩子的抵触情绪。然而，如果她们愿意耐心等待，不过度关注，也许孩子会重新胃口大开。

婴儿还会周期性地出现各种各样的纵欲（不仅是进食的纵欲），这些纵欲是自然表现，并且对婴儿来说非常重要。随着婴儿的成长，与身体性器官相关的活动，例如排泄，也能让孩子感到兴奋和好奇。

学会让孩子释放本能

孩子对整洁和肮脏的看法，或许与你不同。比如排泄物，或者被扔掉的东西，在孩子看来很可能是美好的，甚至是好吃的，孩子想要把这些美好的东西放在床上，甚至是自己的嘴里。这可能会遭到你的强烈反对，但这是孩子自然的想法，你不必太介意。你要等待孩子自发地产生文明的想法，孩子就会对这些东西产生厌恶感。

母亲见证着孩子的每一次成长，她们最好是在一旁观察这个稳定而自然的发展过程，不要把自己的是非观念强加于孩子，否则孩子的本能会破坏这一切，或者他们会通过服从而获得爱。最终，孩子因为本能而变得焦虑不安，而不会成长。

正常的孩子并不会太严重地压制自己内心强大的本能感觉，身体状态也会受到本能的干扰，而在某些无知的观察者看来，这些表现就像是不良症状。比如孩子做噩梦、害怕狗、医生和黑暗，或者腹痛、不舒服，一周内不和父亲说话，拒绝对别人说"谢谢"，等等。实际上，在孩子2岁到5岁这段时间里，几乎任何事情都可能发生。我们可以把这些事情都归结为本能的活动，是本能需求带来的感受，也是本能在孩子的幻想中（因为身体反应也与想法有关）引发的痛苦冲突。随着时间的流逝，这些痛苦冲突的感觉就能慢慢缓解。

Chapter 16
儿童与他人的关系

父母没有必要了解孩子的全部想法，
孩子也需要成长的空间。

婴儿的情感发展从生命之初就开始了。如果我们要判断一个人与他人的关系，观察他的生活轨迹，我们不能忽略婴幼儿的早期阶段。在处理成年人问题时，我们不仅要看他的现在，而且要看他的过去。我们发现，人们在幼儿期就有性感受和性想法了，远远早于我们祖辈的思想观念和认知。从某种意义上说，所有的人类个体关系都是从出生开始发展的。

鼓励儿童自发性的游戏

孩子们喜欢玩过家家的游戏，并享受在游戏中扮演角色。显然，孩子们已经在家庭生活中观察到很多，所以在游戏中，孩子们能建造一个家，共同照顾小孩儿。游戏为孩子探究自发性创造有利的条件。如果孩子们能一起玩耍，他们以后就不用刻意学习如何组建家庭，因为他们已经了解家庭的基本要素。

然而，如果孩子每天都沉迷玩游戏，父母的确会忧心忡忡。父母期望的是：那些下午玩游戏的孩子们，在上午用功读书，在晚上按时入睡。孩子生活在幸福美满家庭，可以继续发展自发性和个性。我们鼓励孩子玩家庭建设类游戏，以及其他角色扮演游戏。

孩子需要一个稳定的家庭，拥有一个良好的情感环境。在稳定的家庭中，孩子有机会顺利地成长。父母没有必要了解孩子的全部想法，孩子也需要成长发展的空间。

帮助宝宝区分想象和现实

9个月大的婴儿，正在学习与外部的人和事物建立关系。良好的母婴关系为婴儿经受挫折和困难提供了基础。如果母亲机械地喂养婴儿，没有母婴互动，这对婴儿是不利的。如果母亲积极地适应婴儿的需求，为婴儿提供接触世界的机会，母婴关系就会逐渐变得稳固。

对于准妈妈来说，产科医生一定是很重要的人。医生既要对分娩负责，又是母亲情感上的依靠。然而，我们不能要求专业的产科医生，也对母婴关系了如指掌。在母婴关系上，医生或护士只能提供有限的帮助，而母亲才是真正的育儿专家。

婴儿出生后，本能驱动力量就使他们进入母婴关系。婴儿强大的本能中伴随着攻击性，还有由挫折产生的仇恨和愤怒。健康的婴儿往往也会出现各种问题，比如拒绝吃奶、大喊大叫、攻击母亲等。事实上，婴儿出现的感情冲动是自发的、真挚的，他们也会拥抱你、亲吻你。

婴儿原始的冲动是不带感情色彩的。起初，婴儿被冲动冲昏了头脑，他们只是逐渐意识到，在兴奋的吃奶体验中，攻击的是母亲脆弱的乳房。虽然婴儿攻击的力量是微弱的，但是冲动的婴儿在幻想中不断地攻击母亲；当进食体验结束时，婴儿就会停止攻击。随着婴儿的成长，幻想稳步发展，渐渐变得明晰。最终，婴儿感到母亲的柔情，随即产生内疚感，进而减少攻击。

婴儿产生的负罪感，是一种有价值的感受。按照自然发展的顺序，婴儿依次拥有的情感为：无情的爱、强烈的攻击性、负罪感、关心与担忧、悲伤，以及补偿的欲望。母亲必须参与到这个体验过程中，否则一切都无法实现。

平凡的妈妈总是在不经意间，帮助婴儿区分想象和现实，也帮助婴儿从丰富的幻想中认识真实世界。在婴儿的攻击问题上，母亲既要保护自己不被伤害，又要意识到，婴儿产生破坏性的想法是正常的表现。因此，母亲并不会感到惊慌。她并没有试图阻止婴儿产生破坏性的想法，使婴儿内在的负罪感能自然地发展。

如果人们想要成为好母亲，必然要经历一段自我牺牲的时期。在这段时期，母婴关系的联结，为婴儿的心理健康奠定了基础。

Part Two

第二部分

孩子与家庭

Child and Family

　　一个人从婴儿成长为儿童，再成长为青少年，这个经历是至关重要的。一个家庭的孩子，若经历稳定的成长环境，就有能力处理成长过程中与外部世界的关系。家庭就是一个微型的世界。虽然家庭是微型世界，但是孩子在家庭中也有丰富的经历和考验，只是相对没有那么复杂。

Chapter 17
育儿过程中父亲的角色

孩子需要父亲，父亲有积极向上的品质。

通常，父亲是否了解他的孩子，取决于母亲。由于多种原因，父亲很难参与育儿的工作。一些母亲认为，她自己能把宝宝照顾得很好。其实，夫妻分享照顾孩子的经验，有助于增进他们的夫妻关系；对于孩子而言，他和父母的感情也会加深。

有些父亲对自己的孩子很胆怯，他们不知道如何养育孩子。此时，母亲可以让丈夫在一些小事上帮忙，比如给孩子洗澡时，安排父亲帮孩子脱衣服、擦洗身体等。

还有些父亲认为，如果他们耐心地养育孩子，甚至会比妻子做得更好。也许他们把育儿想象得太简单了。他们忽略了一个事实：是母亲夜以继日地照顾孩子。即使有的父亲把孩子照顾得很好，他们也不能代替母亲。

父亲是育儿中不可或缺的角色

婴儿首先认识的人是母亲。婴儿逐渐认识母亲的某些品质，比如温柔、慈爱等。不过，母亲也有严厉的品质。婴儿逐渐认识到，当他饥饿的时候，奶水不可能每次都立即出现，那么婴儿就会更加重视母亲定时喂奶。母亲的严厉品质并不是出于本意，她只是更爱自己的宝宝。因此，当父亲进入婴儿的生活时，他接管了婴儿对母亲的某些情感。

孩子对于父母的关系非常敏感。如果父母的关系亲密，孩子是第一个见证者，并且孩子也会通过满足感，表达对父母的感激。

父亲和母亲的两性结合为孩子提供一个事实：父母的幸福，是家庭幸福的基础。孩子可以围绕着这个事实，建立稳定的幻想。此外，这个事实也为孩子解决三人关系问题提供自然的基础。

父亲的角色同样很重要，父亲给予母亲精神上的支持，成为母亲坚强的后盾，父亲建立家庭的规则和秩序。通常，母亲安排孩子的生活起居，孩子也喜欢母亲的养育方式。然而，如果养育孩子只是母亲一个人的工作，那她的负担未免太重了。

父母共同育儿会容易得多。孩子一般只会喜爱父母中的一方，而厌烦另一方，以此学会爱与恨。有时，孩子很讨厌母亲，这种状态让孩子感到困惑，因为在他心里，最爱的人也是母亲。

孩子需要父亲，父亲有积极向上的品质。婴儿早期阶段，是婴儿认识父亲的最佳时机。婴儿在几个月大时就会四处寻找父亲，当父亲走进房间，婴儿会倾听他的脚步声，然后向他伸出手，让父亲拥抱他。

如果父亲喜欢孩子、想要了解孩子，那孩子就是幸运的，父亲极大地丰富孩子的世界。当父母都愿意承担养育孩子的责任时，他们就为良好的家庭环境创造了条件。

很多普通的家庭，父亲外出工作，母亲在家照看孩子。孩子们熟悉这种模式，因为他们从小就在经历。孩子对于父亲的工作，以及他的兴趣爱好充满好奇。当父亲在家时，他总是和孩子一起做手工、分享实用的物品。此外，父亲根据自己的认知，发现一些有趣的玩具；父亲和孩子一起玩游戏，而不会阻碍孩子想象力的自然发展。

其实，父亲也为孩子付出了很多。展现男人的魅力与活力，就是父亲为孩子做的事情之一。我们很容易忽视这个行为的价值。孩子经常把父亲理想化，然而孩子与父亲一起生活、了解父亲，也是很有价值的体验。

有一对儿女，他们在父亲入伍时期过得很愉快，他们和母亲住在一座有漂亮花园的房子里。不过，他们有时会陷入一种反常的情绪中，令母亲困惑不已。孩子们这种周期性的反常情绪是无意识的，只是他们试图在呼唤父亲。后来，母亲在丈夫来信的支持下，设法帮助孩子们走出困境。由此可见，父亲对于孩子是至关重要的。

我认识一个女孩，父亲在她出生之前就去世了。这个悲剧在于，她只有一个理想化的父亲，而她对男人的看法正是基于这个理想化的父亲。在女孩的一生中，她把遇到的男人都想象得很完美。刚开始相处时，她能发现男人最好的一面，但是，她逐渐认识到每个男人也有不完美的一面。每当这种情况发生时，她都会陷入绝望。理想化的父亲毁了她的一生。如果父亲在她童年的时候还活着，她该多么幸福！她既能看到父亲理想的样子，又能发现父亲也有缺点；在父亲令她失望的时候，她也能接纳对父亲的憎恨。

建立父亲和孩子的亲密关系

父女之间存在一条特别的情感纽带。有的母亲可以接受父子的感情，却难以接受父女的感情。然而，如果父女关系被母亲过度干扰，以至于不能自然地发展，那将非常遗憾。女孩迟早会经历浪漫依恋情感所带来的挫败感。同样，父亲和儿子之间也会相互争夺母亲。如果父母感情融洽，男孩不会因为这种争夺引发过多的焦虑。当然，父母彼此信任，永远不会受到外来因素的干扰。

有的孩子从来没有和父亲单独相处过一整天，甚至半天都没有过。这太可怕了。母亲有责任让父亲和孩子单独相处，或者一起外出参加活动。大家会赞赏母亲的行为，父亲和孩子也会珍藏彼此的相处经历。

父亲们，多花点儿心思了解你的孩子吧！你无法保证你和孩子的关系变得亲密无间，但是你有能力让你们的关系变得更好。

Chapter 18
他人的标准和你的标准

如果你让孩子充分发挥自己的掌控权，你就是在帮助他。

一个 5 岁的小女孩，她正在积累词汇量。有一天，她对我说："今天是我的生日，所以一切都要由我做主。"就像这个小女孩一样，当你结婚的时候，你觉得，"现在我终于可以过自己做主的生活"。在你看来，"一切由自己做主"才是最重要的。

我的婚姻我做主

假设你有自己的房子，你马上开始按照自己喜欢的方式装修房子。入住后，你邀请好友参观你的新家。这时，你已经达到一种状态，那就是"一切由自己做主"，显然，你一直都在练习自己做主，现在终于实现了。

结婚初期，你和丈夫很少发生争吵。有趣的是，争论几乎都是由于双方对某件事观点不同，换句话说，是"由谁做主"的冲突。幸运的是，夫妻之间的很多观点、意愿是相同的，只要磨合一段时间，就可以和平共处；另一个办法是，双方达成共识，妻子按自己的方式操持家务，而丈夫按自己的意愿外出工作。

有些女人宁愿不要孩子，她们认为，婚姻意味着她们成功创造的个人影响力，这是她们多年苦苦等待后，才赢来的结果。当女人生孩子后，婚姻似乎就失去了很多价值。

还有些女人，她们因为怀孕而变得兴奋和勇敢，她们按照自己的方式，把宝宝抚养成人，把宝宝的人生列入她们的计划。她们认为，婴儿会从原生家庭中获得一些经验，然后形成自己的行为模式。然而，婴儿从出生开始，就有自己的想法。假如你有3个孩子，你不会发现两个完全一样的孩子，即使他们在同一个家庭长大。

自出生以来，婴儿不但拥有对世界的看法，而且会产生对世界的控制。因此，婴儿会威胁到母亲的掌控感，以及母亲精心建立的家庭规则。

允许孩子掌控自己的世界

母亲倾向于自己的方式，并且认为只有自己的方式是正确的、最好的。毫无疑问，在技能和认知方面，孩子远不如你。但关键的是，并不是因为你的方式最好，而是因为你喜欢自己的方式，这才是你想要主导一切的真正原因。只有你掌控一切，你才有安全感。

孩子希望你知道自己想要什么、相信什么。孩子吸取你的经验，并把自己的标准建立在你的基础上。同时，孩子也有自己的信仰和理想。如果你非常在意自己的权威，你不允许孩子利用自己的天性，形成他的道德准则，那么你就会伤害孩子。你可以允许孩子按照他的计划和想法行事，让孩子在局部范围内占据主导地位。"今天是我的生日，所以一切都得听我的。"当小女孩这样说时，并没有引起天下大乱。相信那天的安排与其他日子没什么两样，只不过那天是由孩子做主的。

婴儿刚刚出生时，全家人都把婴儿看得很重要。婴儿想要吃奶、哭泣，都会立刻引起家人的关注和照顾，直到婴儿得到满足。婴儿尽情地表达自己的冲动，比如乱扔玩具、大喊大叫。当婴儿长大一点儿，母亲变得严格，这似乎是一个奇怪的变化，令婴儿困惑不已。母亲突然变得严格，可能是她开始对婴儿进行所谓的"训练",希望婴儿形成自己的标准。事实上,父母过早、过严地"训练"往往适得其反,孩子长大后很可能会变得极具反抗性,而且难以重新"训练"。幸运的是,大多数孩子能够自发地形成价值观。

如果你让孩子充分发挥自己的掌控权,你就是在帮助他。虽然你和孩子的掌控权之间会产生冲突,但这是自然的,总比你把自己的观点强加于孩子要好得多。你喜欢自己的方式,孩子也喜欢他自己的方式。请让你的孩子拥有房间的一角,他可以根据自己的心情、幻想和心血来潮,去整理或装饰。孩子有权利占据你房子的一部分,这是他自己的空间;孩子也有权利每天拥有你的一部分时间,还有父亲的一部分时间,在这段时间里,你们都在他的世界里。

Chapter 19
什么是"正常的孩子"?

正常的孩子，能够利用自然条件下的任何方式，
抵御焦虑和冲突。

我们经常谈论问题儿童，并试图说明他们的问题；同样，我们也谈论正常的儿童。我们清楚身体健康的含义，即综合考虑孩子的年龄，孩子的发育处于平均水平，没有身体疾病。当然，我们也知道智力正常的含义。即使一个身体健康、智力正常的孩子，也可能在人格完整性上，没有达到正常的标准。

正常的标准是相对的

正常的范围是广泛的。实际上，人们对正常的预期和标准，也有很大的差异。比如，孩子饿了会哭，问题的关键是

孩子的年龄是多少？如果 1 岁的孩子饥饿，哭是正常的；再比如，孩子从妈妈的包里拿出钱，那这个孩子几岁？ 2 岁的孩子有时会这样做，也比较正常。3 岁的孩子，还用母乳哺乳，这在英国是很不寻常的；但在其他地方，仍然存在着这种习惯。因此，我们无法通过比较孩子的差异行为，给正常下定义。

孩子聪明并不能弥补个性发展中的障碍。如果孩子的情感发展在某一刻出现障碍，那么每当类似的情况再次发生时，孩子就必须回到被阻碍的那个时刻，因此，大孩子有时也会表现得像个婴儿或小孩一样。

我们必须认同，婴儿有强烈的需求和感受。我们要把婴儿看作一个独立的个体，尽管他与世界的关系才刚刚开始，但他与生俱来带着人类强烈的情感。人们采用各种各样的方法，试图重新获得属于自己婴儿期和童年早期的感受，因为那些感受是有价值的，振奋人心的。

我们可以把童年早期看作是逐步建立信仰的阶段。孩子对人和事的信任，是通过无数好的经历逐渐建立起来的。这里的"好"的意思是"令人满意"的，孩子的需要或冲动已经得到满足。好的经历和坏的经历是相对应的，这里的"坏"是指愤怒、仇恨和怀疑。每个人都必须在自我中找到一个位置，并在那里建立一个本能冲动和欲望的组织；每个人都必须在自己的世界中，发展出个人的方法，并且将本能冲动和欲望融合于自己的世界里。实际上，即使婴幼儿的生活充满各种美好的东西，他们的生活也不容易。没有眼泪的生活是不存在的，除非一个人只会顺从。

婴幼儿的生活也是困难的

生活本来就是艰难的，任何婴幼儿都无法避免遇到困难，因此每个婴幼儿都可能出现疾病，即使他们拥有温暖的家庭，也无法改变这个事实。

其实，"正常"这个词有两种含义。一个是对心理学家有用，因为心理学家对正常有一个标准，他们会把一切不完美的事物称为异常；另一个是对医生、家长和老师有用，因为他们用正常描述一个孩子。尽管孩子的症状和不恰当的行为明显存在，他们最终还是会成为一个合格的社会成员。

一个早产的男婴，医生认为，他可能是不正常的。这个男婴已经有 10 天不愿意进食，所以母亲只好把奶水倒进瓶子里喂他。难以进食对于早产儿来说是正常的，但是对于足月儿来说就不正常了。后来，男婴开始接受乳房哺乳，虽然他的吃奶速度很慢，但他总算开始进食了。从这个男婴出生，他就对母亲提出很多要求，而母亲发现只有跟随他的步调，让他决定什么时候开始、什么时候停止，才能成功哺乳。在整个婴儿期，男婴对每一件新接触的事物都会发出尖叫。母亲唯一的办法就是先向他介绍，然后等待他去接受。对心理学家来说，男婴的行为是异常的，然而，他有一个愿意接受他的母亲，无疑他是幸运的。男婴发出强烈的尖叫，说明他发现生活的困难，无法得到安慰。这时，母亲可以让婴儿躺在小床上，然后在一旁等待他恢复平静。在冲动的攻击下，男婴不认识自己的母亲，所以母亲的任何安慰对他没有作用。当男婴恢复平静后，母亲再次成为他可以依靠的人。后来，母亲发现孩子的情绪渐渐稳定，于是没有寻求心理学家的指导。

一个正常的孩子，能够利用自然条件下的任何方式，抵御焦虑和冲突；一个异常的孩子，只能局限、僵化地应对症状，无法找到有效的帮助。当然，我们有必要考虑一个事实，即在婴儿早期，婴儿很少有能力判断什么样的帮助是有效的，所以，母亲要密切地关注婴儿的需求。

以尿床为例，这是一种很常见的症状。孩子尿床，是对父母严格管理进行抗议的表现，或是维护个人的权利，这种症状不是一种疾病，而是一种迹象。这个症状表明孩子仍然希望保持某种个性。只要父母提供良好的管理，孩子就能摆脱症状,并采取其他方法来维护自我。

再举一个拒绝进食的例子,这是另一种常见症状。孩子拒绝食物是正常的现象,你提供的食物是健康的,可关键是孩子不可能总喜欢吃,况且孩子对健康的概念不那么明确。只要父母给予合适的管理,孩子最终会发现什么是好的,什么是不好的。换句话说,孩子会产生好恶感。

因此,虽然尿床、拒绝进食,都可能是疾病的征兆,但也不一定如此。事实上,正常的儿童也可能出现某种症状,这些症状仅仅是他们意识到生活是困难的。对每个人来说,生命之初总是那么困难。

孩子感到困难的原因

生活的困难从何而来?

首先,在两种现实之间存在着根本的冲突,一种是每个人都可以分享的外部世界,另一种是每个孩子的内心世界,即情感、思想和想象。每个婴儿从出生起,就不断地被人介绍外部世界。在早期的喂养经历中,婴儿想象的、期望的东西,与母亲实际提供的东西,往往互相抗衡。在人生中,这种互相抗衡的困难总是伴随着痛苦。外部现实是令人失望的，因为它不符合婴儿美好的想象。尽管在某种程度上，外部现实也可以被操纵，但它并不受想象力的控制。养育者的主要任务，就是帮助孩子经历从幻想到幻灭的痛苦过程，尽可能帮助孩子解决棘手的问题。许多婴儿的尖叫和暴躁脾气，都是婴儿的内心世界与外部现实顽强对抗的反映。

幻灭过程有一个特殊之处，就是孩子发现即时冲动带来的快乐。然而，如果孩子想要成长，加入到群体中，就必须放弃许多自发性的快乐。

其次，困难来自婴儿产生极具破坏性的想法。当婴儿吃奶的时候，会产生一种冲动，他想要摧毁一切美好的东西，比如食物、喂养者。这个想法是非常可怕的，因为婴儿认识到他需要依靠喂养者，这令他感到畏惧。如果摧毁一切，那就一无所有了，婴儿也会处于不断挣扎的状态。

当然，孩子出现的许多症状，也与父亲和孩子关系的复杂性有关。孩子对父亲的嫉妒、爱或是复杂感情，都会导致孩子出现各种症状。因此，我们希望父亲参与到育儿过程中，增进和孩子的感情，了解孩子成长的困惑。

孩子有疼痛感，或者做出奇怪的手势，或者突然地手舞足蹈，当你看到孩子的这些"疯狂"的举动时，不要立即判断孩子病了。孩子可能被想象的人、动物或事物占据身心，你只需配合，假装你也看到了他们，让孩子渐渐放松下来。你可以迎合孩子想象中的玩伴，这些玩伴对孩子来说是完全真实的，他们来自孩子的内心世界。

我们应该非常重视孩子的游戏能力。如果一个孩子喜欢玩游戏，无论是独自玩耍，还是和其他孩子一起玩耍，那么这个孩子都不会有严重的心理问题；如果孩子在游戏中既运用了丰富的想象力，又能准确地感知外部现实，获得游戏的乐趣，那么即使这个孩子出现尿床、口吃、发脾气等表现，你也不必过于担忧。孩子能够玩游戏，表明这个孩子有能力在相对稳定的环境下，发展个人的生活方式，并最终成为一个完整的人。正如你所期望的那样，孩子将受到整个世界的欢迎。

Chapter 20

独生子女的优势和劣势

父母最好生一两个孩子，并尽心尽力地抚养他们。

独生子女的问题，真的很重要吗？

当我看到周围有很多独生子女时，我意识到父母只养育一个孩子，肯定有充分的理由。也许父母也想组建一个大家庭，但是由于某些原因，他们没有实现。通常，父母是有意识地计划只生育一个孩子。父母经常会说："我们只能负担起一个孩子。"

抚养孩子无疑是一笔巨大的开销。劝说父母们忽略经济开销的问题是不现实的。在我看来，有的父母更在意他们能否在不失去个人自由的前提下，养活一个大家庭。有人怀疑抚养两个孩子，真的比抚养一个孩子的负担更沉重吗？

独生子女有哪些优劣势

独生子女有一些绝对的优势。父母全心全意地照顾一个孩子，让孩子充分体会父母的关爱，让孩子拥有一个简单快乐的婴儿期。婴儿可以从最简单的母婴关系开始发展。婴儿在简单的环境中建立的生存基础，可以给他们带来一种稳定的感觉，并成为生命的一个强大支撑。

独生子女也有一些劣势。独生子女缺乏玩伴，他们缺乏丰富的人际经验，这些经验来自于孩子与兄弟姐妹的相处。事实上，如果家里没有兄弟姐妹，孩子可能会发育迟缓，错过不合理的冲动带来的乐趣。独生子女一般倾向于早熟，孩子更喜欢在大人的陪伴下倾听和交谈，帮助母亲打理家务，或者使用父亲的劳动工具。

如果一个孩子没有见过母亲怀孕，他就错过了很多经历。许多孩子很难理解怀孕，他们无法应对由此产生的感受和冲突。也许孩子和成年人一样，也希望有自己的宝宝。孩子通过亲眼看见母亲怀孕，更能体谅母亲的辛苦，同时他们的责任感也变得更强。

大孩子为新出生的小宝宝感到焦虑不安，这是正常的现象。通常，大孩子对小宝宝的第一句话很不礼貌："这个婴儿的脸，像西红柿一样。"事实上，当父母听到大孩子对新生儿的到来表示不喜欢，甚至是强烈的厌烦时，他们应该感到宽慰。随着新生儿长大，孩子们会一起玩耍，大孩子的厌烦将逐渐让位于爱。其实，当大孩子发现自己对小宝宝萌生爱意，又想起自己以前非常讨厌小宝宝时，这对大孩子来说是非常宝贵的体验。孩子合理的表达恨意是有难度的，尤其是独生子女，他们缺乏表达天性中攻击的一面。一起长大的孩子们经常一起玩游戏，他们有更多机会体会攻击性。当他们想要伤害自己所爱的人时，心里会很在意。

新生儿的到来，意味着父亲和母亲仍然深爱着彼此。大孩子通过新生儿的到来，见证了父母更加稳固的感情。大孩子能够感觉到父母在两性方面的结合，并努力维持家庭生活的稳定，这种稳定感对孩子来说是至关重要的。

在多子女大家庭中，孩子们有机会扮演各种角色。体验角色为孩子今后进入社会，做了良好的铺垫。随着独生子女渐渐长大，他们很难在随意的基础上，与其他男孩或女孩相处。独生子女总是在寻找稳定的关系；这往往会吓跑偶遇的人；而多子女家庭的孩子，习惯于与他们兄弟姐妹的朋友见面。当他们到了谈恋爱的年纪，已经拥有丰富的人际关系经验。

　　父母当然可以为独生子女做很多事情，许多父母也愿意亲力亲为，即使他们承受着痛苦。遗憾的是，如果独生子女自己受到伤害，可能也会伤害到他们的父母，因为独生子女与父母有强大的联结性。但是，如果独生子女不去冒险，对他们来说是一种严重的损失。

　　随着孩子的成长，他们还将面临赡养父母的问题。要是有多个子女，照顾父母的责任就可以分担。独生子女很可能被照顾父母的重担压得喘不过气。当孩子长大后，他们需要照顾父母，20年或30年，甚至是无固定限期。父母应该提前为孩子考虑这个问题。

　　事实上，年轻的夫妻也想多生几个孩子，但是他们不能实现这个愿望，因为他们还要照顾年老多病的父母，他们没有兄弟姐妹来分担这项工作。

　　养育多个孩子，也会遇到特殊的情况。例如，父母有一个发育迟缓的孩子，他需要父母特别的照顾。在这种情况下，养育多个孩子就很艰难。父母会担心，其他孩子是否会受到这个问题孩子的影响？

　　此外，孩子也会有特殊的父母。有的父母在生理上或心理上患有某种疾病。例如，母亲表现出抑郁的症状，她总是过度担忧，她在对这个世界充满敌意的基础上建立自己的家庭。独生子女必须理解自己的父母，并独自应对各种问题。

独生子女经常感觉一种封闭感，父母给他们过多的爱、强烈的占有欲，认为孩子就是他们的整个世界。父母不仅希望孩子不受到伤害，拥有全世界最好的东西，而且希望孩子成为最有出息的人，他们往往在宠爱孩子的同时，还对孩子寄予厚望。这无疑给孩子增加了沉重的压力。

在我个人看来，我更加赞成组建多子女家庭。父母最好生一两个孩子，并尽心尽力地抚养他们。如果一个家庭只能养育一个孩子，父母可以多邀请其他小朋友到家里玩，最好早点儿开始这么做。

Chapter 21
双胞胎的问题

双胞胎的每个个体，
都需要母亲单独与自己形成完整的关系。

双胞胎，他们是一种完美的自然现象。许多母亲爱着他们的双胞胎孩子，许多孩子也愿意成为双胞胎。然而，对于有些不甘于服从命运安排的双胞胎来说，他们宁愿相继地来到这个世界上。

双胞胎的类型

双胞胎有两种不同的类型，每种类型的问题并不完全相同。每个婴儿都是从一个微小的细胞，也就是一个受精卵细胞发育而来的。一旦卵子受精，它就会开始生长，并分裂成两个细胞。这两个细胞分别都分裂成两个，形成四个细胞，然后变成八个，以此类推，直到新的个体由数以百万的各种类型的细胞组成，所有的细胞都彼此关联，形成像原始受精卵一样的整体。有时，受精卵第一次分裂成两个细胞后，两个细胞分别分裂，然后独立发育，最后发展为同卵双胞胎：两个婴儿从同一个受精卵发育而来。同卵双胞胎一般性别相同，他们的外表很像，至少一开始是这样的。

另一种类型的双胞胎，他们的性别可能相同，也可能不同，他们和其他普通的兄弟姐妹一样，只不过他们是从同时受精的、两个不同的受精卵发育而来的。这种情况下，两个受精卵在子宫里并排生长。这种双胞胎不一定长得像，就像其他普通的兄弟姐妹一样。

在大多数人看来，他们羡慕双胞胎，因为双胞胎永远不会感到孤独，尤其是在成长阶段。但是，双胞胎也会遇到他们的问题。双胞胎家里有两个孩子，他们从最初就要共同成长，学着接纳并容忍彼此。这与母亲相继地生下两个孩子的情况不同。通常，二胎家庭的大孩子会慢慢地发展出宽容心，接纳另一个家庭成员。

双胞胎的身份认同困惑

双胞胎婴儿在生命之初，能否感觉到自己拥有母亲，这对他们来说非常重要。双胞胎的母亲有一个额外的任务，那就是把自己同时交给两个婴儿。在某种程度上，她肯定会失败，双胞胎的母亲必须尽力而为，并希望孩子们最终理解母亲、体谅母亲。平凡的母亲不可能同时满足两个婴儿的迫切需求。例如，她不能同时照顾两个孩子，不管是喂奶、换尿布，还是给孩子们洗澡。她可以很努力地做到公平，但是达到绝对公平并非易事。

事实上，双胞胎的母亲并不需要一视同仁地对待两个孩子，而是要将每个孩子都当作唯一的孩子对待。母亲从双胞胎出生的那一刻起，就在努力寻找两个婴儿之间的差异。她必须很容易地分辨出每个孩子，即使她最初只能通过婴儿皮肤上的一个胎记来辨别。双胞胎的问题在于：他们总是被认为彼此是相同的，即使他们存在很多差异。在一个家境良好的家庭里，母亲从来没有学会区分两个双胞胎女儿，可是其他小朋友却能轻易地分辨。这两个女孩个性鲜明，但是母亲一直习惯统称她们为"双胞胎"。

有的双胞胎母亲迫不得已只能照顾一个孩子，而把另一个孩子交给保姆照顾。如此一来，母亲就会发现问题，保姆照顾的那个孩子，会嫉妒留在母亲身边的那个孩子。即使他人用心地养育这个孩子，甚至比亲生母亲做得还好，孩子也难免会产生嫉妒。

在双胞胎看来，一定要有人清楚地分辨出他们。我认识一位母亲，她有一对同卵双胞胎。在外人看来，他们俩长得一模一样。从双胞胎出生起，母亲就能很轻易地分辨出他们，因为他们有不同的性格。有一次，母亲戴了一条红围巾。其中一个孩子对此做出反应，他目不转睛地盯着那条红围巾，显然是被鲜艳的颜色吸引；然而，另一个孩子似乎并没有注意到这条围巾。此后，母亲就学会区分这对双胞胎了。

双胞胎的养育问题

在母亲看来，抚养双胞胎最大的难题，是为每个孩子提供适合个性化的需要和管理，使每个孩子的整体性和唯一性都得到充分发挥。即使有一对看上去一模一样的双胞胎，他们也需要母亲单独与自己形成完整的关系。

有的双胞胎母亲向我传授育儿经验。例如，母亲把一个宝宝放在前花园里睡觉，而另一个宝宝睡在后花园。当然，你可能没有两个花园，但你可以按照这种思路安排。当一个婴儿哭泣，你不必担心另一个婴儿受到影响。在双胞胎婴儿看来，他们都想要占主导地位，引起你的关注，这种双方竞争的关系会贯穿双胞胎的一生。

同卵双胞胎，虽然他们很相似，但并不是完全相同的。可怕的是，有的人会把他们当成两个相同的人来对待，这使双胞胎对自己的身份感到困惑。婴儿本身就容易对自己的身份感到混乱，更不要说是双胞胎了。双胞胎只能逐渐发展，才能认清自己的身份。孩子在学会讲话的一段时间后，才会使用人称代词，但是孩子很早就会说"妈妈""爸爸""拿""小狗"等。双胞胎很可能认为，坐在婴儿车对面的那个宝宝也是他自己，就像照镜子一样。双胞胎只能希望养育者发挥作用，把他们当作两个人来认识，这样他们才有希望应对困难。当双胞胎长大后，他们对自己的身份更加认同，才可能更加认同对方与自己的长相相似。

双胞胎会喜欢彼此吗？双胞胎接受彼此的陪伴，喜欢一起玩耍，但无法一直都爱着对方。某一天，他们对彼此深恶痛绝；此后，他们才可能会更加相爱；当然，这并不适用于所有的情况。或许，当双胞胎表达怨恨之后，爱意才有机会萌生。你不要想当然地认为，双胞胎会相伴度过一生。

Chapter 22
为什么儿童喜欢玩游戏？

孩子们玩游戏不仅是为了娱乐，而且是为了缓解焦虑。

大多数人认为，孩子们玩游戏是因为他们喜欢，这是毋庸置疑的。孩子们享受所有身体上和情感上的体验。我们可以给孩子提供游戏素材和想法，增加游戏的乐趣，只是不必给孩子提供太多。

人们常说，孩子们能在游戏中"消除仇恨感和攻击性"，好像攻击性是某种可以消除的有害物质。孩子被压抑的怨恨，就像他内心的有害物质。儿童具有发现仇恨或攻击性的冲动，并在熟悉的环境中表达出来。在孩子来看，一个好的环境，可以容忍他表达出攻击性的感受。

玩游戏治愈焦虑和冲动

攻击性可能是令人愉快的，但它不可避免地伴随着某些伤害，所以孩子必须要处理这种复杂情况。孩子根据某些规则，以游戏的形式表达攻击性。虽然我们很容易明白，孩子们玩游戏是为了娱乐，但很难理解玩游戏是为了缓解焦虑。

缓解焦虑也是儿童玩游戏的主要因素之一。过度焦虑会导致孩子喜欢玩游戏、玩重复性游戏，追求游戏带来的无限快乐。然而，如果孩子玩游戏纯粹是为了娱乐，父母就可以建议孩子放弃；如果孩子玩游戏能缓解焦虑，父母就可以让孩子尝试接触，从而避免引起痛苦和焦虑。

游戏与社交的联系

孩子在游戏中获得体验，游戏就是他们生活的重要部分。对成年人来说，他们拥有丰富的生活经历；对孩子来说，他们的经历主要是从游戏和幻想中获得。正如成年人的个性是通过他们的生活经历形成的一样，儿童的个性也是通过玩游戏而发展的。通过充实自己，孩子们逐渐开阔眼界，逐渐看到精彩的外部现实世界。游戏证明创造力的存在，它代表着活力。

起初，孩子们独自玩游戏，或与母亲一起玩，孩子们并不急需寻找玩伴。有时，游戏需要其他孩子的共同参与，你的孩子才会邀请其他小朋友加入。每个孩子都是独立的存在。

有的成年人在工作中喜欢主动交朋友；还有的人比较被动，等待别人来认识他。孩子在游戏中也会结交朋友；一旦孩子离开游戏，他们却不容易交到朋友。游戏为建立情感关系提供了一个渠道，从而使社会交往得以发展。

游戏倾向于以不同又联合的方式，实现人格的统一和融合。例如，游戏很容易整合个人与内在现实的关系，以及个人与外在现实的关系。

游戏的作用

在游戏中，孩子把思想和身体功能联系起来。在玩游戏的过程中，孩子的意识或潜意识的想法占据主导位置，控制着身体功能。此时，与之相关的身体活动或者停止，或者与游戏内容相结合。

我想补充四点：

（1）游戏本质上是具有创造性的活动。

（2）游戏总是令人兴奋的，因为在主观性和客观感知之间，存在不稳定的界线，而游戏处于这条界线上。

（3）游戏最早发生在婴儿和母亲之间的潜在空间。

（4）游戏是否在这个潜在空间里发展，取决于婴儿是否有机会与母亲在亲密关系下体验分离。游戏的开始与婴儿的生活经历有关。

游戏和讲话一样，都可以用来隐藏某些真实的想法，这里指的是更深层次的想法。潜意识中被压抑的部分被隐藏起来，而游戏就像梦境一样，具有自我揭示的功能。

对儿童的精神分析中，发现孩子通过游戏进行交流，游戏被用来代替与成年人的交谈。有的孩子想要通过游戏和父母交流，遗憾的是，父母并不能完全体会游戏的乐趣，这令孩子非常苦恼。

所有的儿童（甚至是成年人）都保持着一种能力，他们相信有人能理解自己。在游戏中，我们总能找到通向潜意识的大门，通向天然的真实和坦诚。这种真实在婴儿身上全面绽放，然后随着成长，长成含苞待放的花苞。

Chapter 23
儿童的性教育

性健康的基础是在童年期打下的，并在青春期奠定的。

每个成年人都曾经是孩子。当我们思考儿童心理学时，要牢记这一点。每个人身上，都有他幼年和童年的全部记忆，包括幻想的和现实的。一个人长大后，虽然很多事情被遗忘，但其实它们并没有完全消失。

我们有可能从巨大的潜意识中，梳理出被压抑的部分，其中包括一些性的因素。对于一个打算把心理学作为自己事业的人来说，他们要实现自由地观察，最有效的方法是接受个人分析。在个人分析中，人们不仅可以摆脱压抑，而且通过记忆和重温，能发现自己早年生活中的感情和本质的冲突。

弗洛伊德的杰出贡献

弗洛伊德是指导人们关注儿童性欲的重要人物，他的结论是通过分析成年人得出的。弗洛伊德每次进行成功的分析后，都有一种独特的体验，因为他看到展现在他面前的是患者的童年期和婴儿期。他反复地见证心理疾病的自然历史，其中交织着心理与生理、个人与环境、事实与想象、患者意识到的与被压抑的内容。

对成年人的精神分析中，弗洛伊德发现患者性生活和性困难，其根源可以追溯到青少年时期，甚至可以追溯到童年时期，尤其是 2 ～ 5 岁时期。

他发现，这个年龄段有一种难以言喻的"家庭三角关系"，小男孩"爱上"他的母亲，并与作为性竞争对手的父亲发生冲突。这个核心主题被挑选出来，并被弗洛伊德称为"俄狄浦斯情结"，心理学称之为"恋母情结"。直到今天，这个主题仍然是一个事实。人们不禁要感谢弗洛伊德，因为他反复陈述他的观点，并承受着公众对此观点的强烈质疑。

精神分析师经过长期分析后发现，有的患者会压抑感受。如果我们观察儿童，对他们的游戏进行审查，就会发现性主题和恋母情结主题是常见的。但是，对儿童游戏进行深入研究是有困难的。

恋母情结在现实生活中很少出现，主要是在孩子的潜意识中出现。

小女孩是怎样的呢？假设女孩"爱上"她的父亲，憎恨并害怕她的母亲。这是一个事实，但主要在女孩潜意识中发生，女孩并不会承认，除非在特殊信任的非常情况下。

然而，许多女孩并没有非常依恋父亲，也无法承担与母亲发生冲突所带来的巨大风险。女孩与母亲冲突的内在风险确实很大，因为女孩与母亲的冲突必然涉及不安全感。

在孩子的一生中，即使普通的异性关系极其重要，同性关系也始终存在。孩子通常会认同父母双方，但在某个时刻，主要是认同其中一方，被认同的一方不一定和孩子性别相同。如果孩子的身份认同是父母一方中的同性时，孩子的发展就相对容易一些。

性健康的基础是在童年期打下的，并在青春期奠定的。此外，整个心理健康的基础也是在童年早期和婴儿期形成的。

Chapter 24
偷窃和说谎

教育细节处理不当，只会使孩子遭受不必要的痛苦。

在成长的过程中，几乎每个孩子都会出现问题，尤其是在 2～4 岁的时候。孩子偷窃和说谎的行为，是一种行为障碍。

小孩经常从他们母亲的手提包里拿出硬币玩。母亲对孩子的行为非常宽容，她甚至可能准备两个包，其中一个包孩子根本拿不到，而另一个普通的包供孩子翻找。渐渐地，孩子长大了，不再翻母亲的手提包。母亲理所当然地认为，孩子的这种行为消失了。

对家庭幸福来说，家里有一个偷窃倾向的孩子，是令人不安的。家人之间缺乏基本的信任，不能把物品随意放置，而是需要用各种技巧来保护重要的物品。很多人一提到偷窃，就会产生一种很龌龊的感觉。

在一个普通的家庭里，没有人是小偷。孩子走进储藏室，拿了一两个小面包，或者从盘子里拿了一块糖。在一个融洽的家庭氛围中，没有人会说这样做的孩子是小偷。父母可能有必要制定规则，给孩子形成必要的约束感。比如父母可以规定，虽然孩子可以随时去拿面包，但他不能随便拿特制的蛋糕。

孩子偷窃的根源

从精神分析的角度来看，小偷并不是在寻找要偷走的东西，而是在寻找一个人。小偷在寻找他的母亲，只是他没有意识到。有偷窃习惯的孩子，无法享用偷来的东西。他只是将幻想付诸行动，享受偷东西的乐趣。事实上，从某种意义上说，他已经和母亲失去联系。偷东西的孩子是一个在寻找母亲的婴儿，或者寻找他没有被母亲满足的部分。

孩子认为，母亲就是属于他的，他创造了母亲。某位母亲已经有 6 个孩子，某一天，她又生下一个宝宝，叫约翰尼，母亲喂养他、照顾他，后来母亲又有一个孩子。然而，从约翰尼的角度来看，当他出生时，他的母亲是由他创造出来的，母亲主动适应他的需求，并向他展现出伟大的母爱。在对偷窃追根溯源的过程中，我们发现，小偷需要重建他与世界的关系，而基础是找到对他忠诚的、愿意主动适应他需要的人（母亲）。

每个健康的婴儿，只是逐渐客观地感知他最初创造的母亲。这个痛苦的过程就是所谓的幻灭，我们没有必要主动要求孩子体验幻灭。更确切地说，平凡的好母亲会抑制幻想的破灭。

帮助孩子树立正确的价值观

新宝宝的出生，即使大孩子对小宝宝到来有所准备，甚至对小宝宝有好感，也可能是一个可怕的打击。大孩子对自己创造出母亲的念头，感到幻灭，而这种幻灭是新生儿的出现造成的，这很容易引起孩子出现强迫性偷窃行为。我们可能会发现，孩子不再占有母亲，而是强迫性地拿走东西，并把它们藏起来，但孩子并没有从拥有这些东西中获得真正的满足感。如果父母明白孩子出现强迫性偷窃行为的原因，他们就会理性地处理。比如父母每天会给孩子一定的特别照顾，或者他们可以给孩子一些零用钱。善解人意的父母不会把沉重的压力强加在孩子身上，要求孩子认错，否则孩子的行为会更加严重。

父母帮助孩子改变偷窃行为时，一定要注意教育方式和态度，在孩子认识到错误后，教给孩子"物品所有权"的概念。父母应该尽量避免教育细节处理不当，使孩子遭受不必要的痛苦。

当然，许多偷窃行为没有上过法庭，因为这些行为都发生在家里，父母能妥善处理好。父母应该理解孩子的行为，以便指引孩子适应社会。

Chapter 25
婴儿第一次尝试独立

学会让婴儿理解物品是来自外部世界，而不是来自想象。

心理学有可能是浅显易懂的，也有可能是深奥莫测的。专家研究婴儿的第一次活动，以及他们入睡或忧虑时使用的物品，发现这些物品似乎联结着现实和潜意识领域。为此，我想提醒父母关注婴儿日常生活中使用的物品，并通过仔细地观察，学习相关的育儿知识。

母爱的象征——过渡性客体

众所周知，婴儿喜欢把手塞进嘴里。婴儿很快就形成一种模式，也许会选择某个手指、两个手指或大拇指吸吮，同时用另一只手抚摸母亲的某个部位，或是一小块床单、毯子，也可能是自己的头发。对于婴儿的这种模式，有两点值得我们关注：第一，婴儿把手放在嘴里，显然与兴奋的进食有关；第二，婴儿的另一只手做其他的事情，可能在温柔地抚摸。从婴儿的爱抚中，可以发展出一种与周围物品的关系，周围的物品对婴儿来说可能非常重要。从某种意义上说，这是婴儿第一个私人拥有物，但它不像手指或者嘴巴，是婴儿身体的一部分。

随之发展的还有安全感，以及婴儿与他人的关系。婴儿的情感发展顺利，逐渐开始建立人际关系，这些发展会促进婴儿与新物体的关系，我将这个私人拥有物称为过渡性客体。当然，客体本身不是过渡性的，它代表着婴儿从与母亲融合的状态，过渡到与母亲外在的、独立的状态。

虽然我想强调过渡性客体的意义，但我不想给他人造成误解，如果一个婴儿没有发展出对过渡性客体的兴趣，不一定是异常的。有的婴儿最需要的是母亲本身；还有的婴儿则找到完美的过渡性客体，前提是母亲仍然处于家庭环境中。通常，如果婴儿对某个物品感兴趣，很快就会给它起个名字，而这个名字来源于婴儿在早期听说的某个单词。父母和亲戚们会给婴儿提供柔软的玩具，它们的形状像动物或宝宝。在婴儿看来，玩具的形状并不重要，更重要的是质地和气味，而气味尤其重要，所以父母不要频繁地清洗玩具，保持适当的清洁即可。婴儿长大后，需要这个玩具常伴左右，婴儿喜欢把玩具反复地从婴儿床或婴儿车里扔出去，然后等着父母把它捡回来。事实上，玩具会受到一种原始的爱的支配——包括深情的爱抚和破坏性攻击。随着时间的推移，婴儿开始对其他物品感兴趣。此时，父母就会试图教婴儿说"ta"，即让婴儿理解物品是来自外部世界，而不是在婴儿的想象中产生的。

过渡性客体的表现形式

如果我们回到第一个过渡性客体，要求婴儿承认这个物品来自外部世界，是不合适的。从婴儿的角度来看，第一个拥有物确实是由他的想象力创造出来的，这是婴儿创造世界的开始。我们应该允许婴儿重新创造世界，否则这个世界对新人类来说毫无意义。

有一个女婴，她喜欢一边吸吮拇指，一边抚摸妈妈的长发。当她长大，自己也有长头发的时候，她会把头发拉下来，遮到脸上，然后闻着头发的味道入睡。后来，她把头发剪短变成短发，她对新发型很满意，可到入睡的时候，她变得焦躁不安。幸好，父母保留了她的头发，并给了她一把头发。她像原来一样把头发贴在脸上，闻着味道，安然入睡了。

有一个男婴，他很小就对一条彩色羊毛被子感兴趣。在不到 1 岁的时候，他就按照颜色把他拔出来的羊毛线分类。他对羊毛的质地和颜色一直感兴趣，长大后他成为一家纺织厂的色彩专家。

以上的例子都说明，健康的婴儿在分离焦虑时的过渡现象与技巧。几乎每个养育者都能提供有趣的例子，我们要意识到育儿细节的价值。有时，我们发现婴儿不是用物品过渡，而是使用一些技巧，比如隐蔽的活动，如对齐看到的光线；或者研究边界的相互关系——在微风中轻轻摆动的两层窗帘；或者随着婴儿头部晃动而改变两个物体的位置。思考也可以代替看得见的活动，作为过渡。

我想请大家注意分离焦虑产生的影响。当婴儿依赖的人不在身边时，婴儿起初没有变化，因为婴儿内心有一个母亲的内部版本，在一定的时间内仍然存在。如果母亲离开的时间超过一定的限度，那么内部的版本就会消退。与此同时，所有过渡现象变得毫无意义，婴儿无法利用它们。这时，我们会看到婴儿急需被照顾或喂奶，如果他单独存在，往往会进入兴奋的感官满足活动。随着母亲回来，婴儿会重新建立一个母亲的内部版本，这需要时间。然而，如果母亲很久没有回来，婴儿会感到被遗弃，他们不再对玩游戏感兴趣，也不愿表达情感或接受情感。

一个女婴总是喜欢吸吮一块缠绕在她拇指上的粗糙羊毛布。3 岁时，她的羊毛布被人拿走了，从此她吮吸拇指的毛病看似被"治愈"了。但此后，她发展出强迫性行为，在入睡前强迫性阅读，或强迫性咬指甲。11 岁时，当有人帮助女孩回忆起那块羊毛布，并对她心理治疗后，她才停止强迫性行为。

游戏对孩子是至关重要的，孩子玩游戏的能力也是情感发展的标志之一。游戏的早期版本，就是婴儿和第一个拥有物之间的关系。如果父母明白过渡性客体是正常的，它们确实是孩子健康成长的标志，那么当他们每次带孩子外出时，拿着这些奇怪的物品，就不会太难堪了。这些过渡性客体会慢慢消失。换句话说，它们成为一组过渡现象，延伸到儿童游戏、文化活动和兴趣的整个领域——外部世界和梦境之间的中间区域。

显然，分辨外部世界与梦境是一项繁重的任务。我们都希望完成这项任务，以此证明我们是心智健康的人。我们会对孩子更加宽容，允许孩子有更加广阔的发展空间，在这个空间里想象力起着主导作用，因此，我们利用外部世界的物质，同时又保持梦境中张力的游戏，就形成了儿童生活的特征。

作为一名儿科医生和精神分析师，当我接触到孩子们，看他们画画、谈论自己以及他们的梦境时，我惊讶地发现孩子们很容易记住早期的过渡性客体。孩子常常会想起父母早已遗忘的一小块布或奇怪的物品，这令父母大吃一惊。如果一件物品仍然存在，孩子最有可能知道它放在哪里，它可能在最下层的抽屉里，或者在橱柜的最上层。有时，父母不理解物品的真正意义，就把它送给另一个孩子。当自己的孩子发现后，往往非常恼火。有的父母将家里大孩子喜欢的玩具送给新生儿，觉得新宝宝也会喜欢它。然而，父母可能会失望，因为以这种方式出现的物品可能对新生儿有意义，也可能毫无意义，这要视情况而定。父母以这种方式呈现的过渡性客体是有危险的，因为从某种意义上说，它剥夺了新生儿创造发现的机会。当婴儿自发地利用家里的一些物品时，这对他的成长是有帮助的，婴儿会给这些物品命名，并且让它们成为家里的成员。

对于父母来说，这是一个非常有趣的课题。父母不需要成为心理学家，通过观察、记录孩子的依恋模式和技巧，就会受益良多。

Chapter 26

做最好的父母

父母是对孩子最负责任的人。

如果你读到这里，你会发现我一直试图表达积极的育儿关系。我没有阐述如何克服困难，也没有说明当孩子表现出焦虑时，或者当父母在孩子面前吵架时，最好应该怎么做。我尽量给平凡的父母提供一些支持，因为父母很可能不但要养育自己的孩子，而且要操持一个大家庭的生活。

有人可能会问，何必费尽心思地和优秀的父母解释这么多呢？那些陷入育儿困境的父母更需要帮助。事实上，我们周围存在很多不幸。我非常了解这些痛苦，以及普遍存在的焦虑和抑郁。我仍然希望建立更多稳定和健康的家庭，当然，我也见证了很多家庭的组建，这些家庭将是未来几十年构成社会稳定的唯一基础。

还有人可能会问，为什么你要关注健康家庭呢？他们可以照顾好自己的家吧。在此，我有一个理由，那就是人类发展存在着破坏美好事物的倾向。人们认为好的东西就不受攻击是不明智的；更确切地说，如果人们想要生存，必须要捍卫最好的东西。当美好的事物出现时，也会伴随着憎恨与恐惧。这些情感主要是潜意识的，容易以干扰、破坏的形式和愚蠢的行为出现。

我并不是强调父母被各种规则限制。当然，出生和死亡必须要登记，某些传染病必须要报告，儿童也必须接受义务教育。父母可以为儿童选择利用或回避很多保障性的服务，比如接种天花疫苗、白喉疫苗等，所有这些选择，并不是强制性的。这些选择表明，父母的角色是重要的。只有父母认清现实，接受良好的教育，才能判断出他的孩子最需要什么。

然而，并不是所有人都重视母亲的角色，有的人不完全相信母亲是最理解孩子的人。医生和护士经常抱怨，有些父母愚蠢无知。也许因为医生和护士的育儿经验更丰富，所以他们对母亲照顾宝宝的信心不足，但是，他们并不一定能面面俱到地照顾婴儿。当母亲质疑他们的专业建议时，他们很容易反感，而实际上只有母亲知道，如果孩子断奶时期与母亲分开，会受到很多伤害；母亲还知道，她的女儿只是因为极度紧张，并不是不想接种疫苗。

如果医生决定给孩子摘除扁桃体，母亲很担心，该怎么办呢？医生当然知道孩子扁桃体的情况，但他往往不能说服母亲。在母亲看来，孩子的外表看起来很正常，而且孩子还太小，不能意识到做手术的严重性。如果可能的话，母亲应该坚持自己的信念，尽量避免让孩子经历痛苦；如果母亲在儿童人格发展方面受过教育，她可以向医生提出自己的观点，与医生共同探讨、做决定。如果一个医生尊重父母的育儿经验，就很容易赢得父母的尊重。

父母知道孩子需要一个简单的成长环境，因为他们懂得复杂的含义，并接受复杂性的存在。如果有一天你的孩子确实需要摘除扁桃体，那么在不对孩子的人格发展造成伤害的基础上，父母可以听取医生的建议。父母可以引导孩子从住院的经历中有所收获，你的孩子已经跨越了一次困难，为成长迈出了可喜的一步。当然，这取决于你的孩子，父母也要尊重孩子的意见；只有像母亲这样与孩子亲密相处的人，才有资格为孩子做决定，不过，医生应该帮助父母提出可行的建议。

我们应该充分地尊重平凡的母亲以及母婴关系。母亲是养育孩子的专家，如果她不被权威的声音吓倒，她就知道如何做好育儿工作。

父母是对孩子最负责任的人。从长远来看，任何不支持这个观点的人，都将造成危害。

一个人从婴儿成长为儿童，再成长为青少年，这个经历是至关重要的。一个家庭的孩子，若经历稳定的成长环境，就有能力处理成长过程中与外部世界的关系。家庭就是一个微型的世界。虽然家庭是微型世界，但是孩子在家庭中也有丰富的经历和考验，只是相对没有那么复杂。

但愿我的文字可以激励你们。希望父母在育儿方面做得更好。作为医生和护士，让我们全力以赴为患者的身心健康提供帮助。同时，我们也要记住，不要畏惧父母对孩子的感受。为了培养出最好的父母，我们必须让他们对自己的孩子全权负责，让他们有信心养育自己的孩子和家庭。

Part Three

第三部分

孩子与大千世界

Child and the Outside World

　　幼儿园在某些方面补充并延续家庭育儿工作，幼儿园教师自然地接管了母亲的部分属性和责任，但并不是出于母子关系的需要。教师的职责是维护、加强和丰富孩子与家庭的关系，同时引入更广阔的世界和更多的人。

Chapter 27

5 岁以下婴幼儿的需求

孩子的需求是相对于年龄和需求的变化而不断变化的。

婴儿与幼儿的需要，不存在太多差异性，它们是固有不变的。

我们用发展的眼光看待孩子，这是很有必要的，尤其是对 5 岁以下的孩子来说更为重要。这个年龄阶段正是培养孩子行为规范和思维启蒙的好时机。从新生儿到 5 岁的孩子，他们的人格和情感发展需要一段漫长的过程。在这个过程中，父母必须提供特定的条件，才能让孩子顺利地成长。这些条件只要足够好就行，不用特别完美。随着孩子的心智成熟，他们越来越能够接受失败，并通过提前做好心理准备来应对挫折。众所周知，孩子成长必需的条件不是一成不变的，而是相对于他们的年龄和需求的变化而不断变化。

儿童成熟的标志

我们来观察健康的 4 岁孩子。在一天中，孩子的表现可能和成年人相似。男孩能够认同父亲，女孩能够认同母亲，这也是相互认同的表现。这种认同能力表现在实际的行为中，以及在有限的时间和范围内。认同表现在游戏中，比如扮演婚姻生活、教育孩子的任务和游戏；认同也表现在这个年龄段特有的热烈的爱和嫉妒中。认同不仅存在于白天的幻想中，而且存在于孩子的梦中。

这些都是健康的 4 岁儿童的成熟因素，特别考虑到儿童的生命活跃度是衍生于本能而来的，本能是兴奋的生物学基础。兴奋表现有先后顺序，首先是本能张力不断增加的准备阶段，然后是达到兴奋的高潮之后一定的紧张度缓解，最后是某种形式的生理满足。

5 岁以下的孩子会做激情四溢的梦，这是孩子成熟的标志。孩子在梦里处于人际三角关系的一个顶点上。在孩子充满活力的梦里，本能的生物驱力被接受，这说明孩子的心理也在迅速发展。在梦里，以及清醒状态的潜在幻想中，孩子的身体功能也卷入到一种强烈的爱恨交织的关系中。

除了儿童身体不成熟的生理限制外，性的全部内容已经包含在健康儿童的行为范围中。象征形式、梦和游戏，以及性关系的细节都属于童年期经验。

发育良好的 4 岁孩子的需求之一，就是认同父母。在这个重要的年纪，父母给孩子灌输道德观，并没有什么好处。能够起作用的因素是父母、父母的行为以及亲子互动的关系。孩子记住这些因素，然后模仿、接受或反对；同时，孩子将这些因素融入自我发展的个人过程。

家庭以父母之间的关系为基础，通过存在和生存来履行其职能。如果孩子可以容忍想要表达的恨意，以及出现在噩梦中的恨意，即使在最坏的情况下，这个家庭也会继续运转。

一个 4 岁半的孩子，总是表现得很成熟，却在割伤手指或意外跌倒时，突然像 2 岁的孩子一样大哭起来。任何年龄的孩子，都需要被亲切地拥抱，需要一种身体接触的爱，而这种爱是母亲在子宫里孕育胎儿和在臂弯里怀抱婴儿时，自然给予的。

事实上，婴儿最初并不具备认同他人的能力。婴儿首先要建立自我完整或自我统一，然后逐渐发展出一种能力，感知外部世界和内部世界的不同。每个婴儿都是独一无二的。

我们首先要特别关注 3 ～ 5 岁孩子的成熟度，这对他们未来的发展至关重要。同时，5 岁以下儿童的成熟中往往还会伴随不成熟的成分。这种不成熟的成分是一些残留物，来自于儿童早期阶段特有的依赖状态。对不同年龄阶段的孩子进行探究，更容易理解孩子的发展。

孩子在各种关系中的需求

即使是对家庭中的关系做简明扼要的陈述，我们也必须区分以下几种要素：

（1）三角关系（由家庭持有）。

（2）二人关系（母亲向婴儿介绍世界）。

（3）母亲抱着不完整状态的婴儿（婴儿感觉完整之前，先把他当作独立个体对待）。

（4）在生理照顾方面表达母爱（母性技巧）。

（1）三角关系。"孩子"已经成为一个完整的人，并且处在一群完整的人中间，孩子陷入三角关系。在潜意识的梦中，孩子爱着父母中的一方，而"憎恨"另一方。在某种程度上，"憎恨"以直接的形式表达。幸运的孩子，他可以收集早期所有潜在的攻击性残留物，以此表达"憎恨"。孩子表达的"恨意"是可以被接受的，因为它的基础是原始的爱。

家庭环境承载着孩子和他的梦。三角关系有一个现实形式，它保持不变。这种三角关系也存在于各种各样的亲密关系中。

游戏尤其重要，因为它既是真实的，又是虚幻的。游戏包括强烈的感受，然而游戏最终会停止，玩游戏的孩子们会收拾好玩具，一起喝茶，或者准备洗澡和听睡前故事。此外，在游戏中，总是有一个成年人间接参与进来，并随时准备掌握控制权。

对新手研究者来说，如果研究"过家家""扮演医生和护士"这两个儿童游戏，对于了解三角关系很有启发。研究儿童的梦境需要特殊的技能，但与简单地观察儿童游戏相比，可使研究者更深入地理解潜意识。

（2）二人关系。在婴幼儿早期阶段，三角关系还没有开始，我们看到的是婴幼儿与母亲之间更直接的二人关系。母亲以极其微妙的方式，在有限的范围内，抵御偶然的冲击，并在正确的时间、以适当的方式把世界介绍给宝宝。在这种二元关系中，婴儿个人管理的空间比三角关系要小得多；换句话说，二人关系的依赖性更强。其实，母亲和婴儿是两个完整的人，他们密切相关，相互依存。如果母亲本身是健康的，没有焦虑和抑郁，那么在日常的母婴关系中，幼儿的个性发展就有广阔的空间。

（3）母亲抱着不完整状态的婴儿。在二人关系阶段之前，婴儿还有更大程度的依赖性。婴儿需要依靠母亲来生存，因为母亲能整合各种情绪，比如兴奋、愤怒、悲伤等等，帮助婴儿建构生命体验，而这些情绪婴儿暂时无法掌控。毕竟，婴儿还不是一个独立的个体。母亲抱着婴儿，这个新人类正在成长。有必要的话，母亲可以在脑海中重温婴儿在一天中生活的意义。当婴儿没有把自己看作完整的人时，母亲就已经将婴儿看作完整的人了。

（4）在生理照顾方面表达母爱。更早些的时候，母亲抱着她的婴儿。母亲与婴儿身体接触的所有细节，对婴儿来说都具有意义。母亲对婴儿的需求做出积极的回应，一开始这种回应可能是非常及时的。正如人们所说，母亲本能地知道婴儿的需求。母亲有条理地向婴儿展示世界，满足他们的需求。另外，母亲还通过照顾婴儿的身体和给予生理满足表达爱，使婴儿的心灵与身体相通。母亲通过无微不至的关爱，表达对婴儿的感情，并把自己塑造成一个能被发展中的婴儿认可的人。

家庭模式中的各种变化，都会对儿童产生影响。若父母不能满足儿童的需求，可能会导致儿童个体发展的扭曲。人们认为，儿童的需求类型越原始，个人对环境的依赖性越大。婴儿早期管理是一件至关重要的事情，只有通过爱才能实现。婴儿需要爱。其实，只有爱婴儿的人，才能适应并满足婴儿的需求；也只有爱婴儿的人，才有勇气将适应的失败转为成功，跟随婴儿个体的成长，积极地利用失败。

5岁以下儿童的基本需求是和个人相关的，基本不会改变。这个规则适用于人类的过去、现在和未来，也适用于世界上任何地方、任何文化。

新生代父母育儿观念的转变

现在的年轻父母，似乎形成一种新的养育责任意识。他们等待孩子出生、计划孩子教育、阅读育儿书籍，他们知道自己只能对两三个孩子给予适当的关注，所以他们开始用最好的方式体现父母责任：自己带孩子。当一切进展顺利时，就会发展出一种直接的亲子关系，这种关系本身的联结和丰富性令人惊讶。我们发现，由于没有护士或保姆帮忙照顾孩子，父母育儿会产生特殊的困难，而孩子也会逐渐陷入三角关系：孩子爱着父母中的一方，而"憎恨"另一方。

那些小心谨慎的父母，希望孩子心理健康的父母本身就是个人主义者。在育儿方面，父母不断地个人成长，正是这种个人主义带来的积极影响。

负责任的父母，会为婴幼儿提供丰富的环境。此外，如果我们能提供真正的帮助，父母就会接受它。不过，这种帮助不能破坏父母的责任感。

二胎的出生，对一胎大孩子可能是一段宝贵的经历，也可能是一个很大的麻烦。如果父母愿意认真考虑孩子们的冲突问题，就能避免引起很多矛盾。然而，父母不必期望，因为他们事先准备，就能阻止孩子们的爱恨冲突。生活是艰难的，对于健康的3～5岁的儿童更艰难；幸运的是，生活也是有回报的。这个年龄段的孩子，只要家庭环境稳定，孩子在父母的相互关系中获得幸福感和满足感，生活就会充满希望。

称职的父母竭尽全力地照顾宝宝，他们总是不求任何回报。然而，孩子的许多意外情况可能会让父母经历失败。幸运的是，与20年前相比，孩子生病的风险要小得多。父母愿意研究孩子的需求，这有助于孩子的成长。不过，如果父母的关系破裂，他们也不能只是为了满足孩子的需求，维持"稳定"的夫妻关系。

父母的育儿观念发生了极大的变化，他们不仅重视儿童的身体健康，而且更关注儿童的心理健康。父母已经有了认知：婴儿期和童年期不仅是心理健康的基础，而且为成年后的个性成熟奠定了基础，使个体在不丧失自我的条件下认同社会。

做最自信的父母

20世纪上半叶，小儿科学的巨大进步主要是在身体方面。在这一时期，逐渐形成这个观点：如果孩子的生理疾病可以预防或治愈，那么孩子的心理疾病就无足轻重了。小儿科学需要跨越这个错误的原则。我们既要关注孩子的身体健康，又要重视孩子的心理问题。约翰·鲍尔比（John Bowlby）医生致力于这项工作，他关注婴儿与母亲分离后，产生的不良影响。在母婴关系的联结方面，即使是参与其中的儿科医生和护士，也无法充分地理解。通过减少母婴之间不必要的分离，可以预防许多精神疾病，这是一项重要的认识。

医生和护士熟知怀孕和分娩的生理知识，了解婴儿在出生后头几个月的身体健康状况，然而，他们不知道在早期喂养阶段，母婴之间究竟会发生什么。这是一个超越规则的微妙问题，只有母亲才知道如何应对。当母亲刚开始摸索育儿方法时，其他育儿专家的干预会引起她的痛苦。

育儿领域的工作者（产科护士、健康专家、托儿所老师等）与父母相比，受过专业的育儿训练，但父母对某些育儿问题的判断，比专业的工作者更准确。如果父母能认识到自己的力量，就会更有自信。训练有素的育儿工作者也是必不可少的，他们向父母提供专业的育儿知识，让宝宝发展得更好。

长久以来，父母需要的是育儿经验的启发和提示，而不是建议或指导。父母必须有尝试和犯错的空间，这样他们才能进步。社会的整体健康水平，取决于有多少健康的家庭。然而，成为健康的家庭，需要更多群体的帮助。父母无时无刻不在参与人际关系的互动，他们依赖着社会，获得个人的幸福，并且尽力融入社会。

引领孩子走向社会

家庭模式发生了一个重要变化，孩子不仅缺少兄弟姐妹的陪伴，而且连表兄弟姐妹也没有。父母不要想当然地认为，给孩子提供玩伴，就能代替兄弟姐妹的存在，因为玩伴是没有血缘关系的。二人关系和三角关系以外，孩子会逐渐走向社会关系，在这个过程中，同辈血缘关系是极其重要的。

可以想象，很多孩子经常得不到大家庭提供的帮助和关爱。对于独生子女来说，一个孩子已经习惯没有接近的表亲，这是一个严重的问题。然而，如果我们意识到这个问题，就有机会扩展小家庭的关系。例如，幼儿园、托儿所和早教班，都可以让孩子接触更多的朋友。父母也可以利用孩子上幼儿园，给自己一个放松的机会；同时扩大孩子与老师和其他幼儿的关系范围，并且让孩子接触更多的游戏和经历。

很多平凡的母亲全职养育孩子，她们把时间和精力都用在孩子和家庭上，情绪很容易焦虑，如果她们多留给自己一点儿时间，就可以享受育儿的乐趣。在我的临床工作中，我常常会遇到有些母亲为了自己的身体健康和精神充实而寻求兼职工作。对于健康的家庭，父母最好能对孩子上幼儿园或上学的具体问题，共同商量对策、做决定。

在英国，幼儿园的教育已经达到很高的水平。这要归功于玛格丽特·麦克米兰（Margaret Mcmillan）和我已故的朋友苏珊·艾萨克斯（Susan Isaacs）。此外，对幼儿园教师的教育，也影响了各年龄段的儿童教育。幼儿园教育确实为构建健康的家庭提供了坚实的基础。很多父母将适龄的孩子送到幼儿园学习，是正确的选择。幼儿园教育不仅合理地拓展幼儿的眼界，而且满足健康家庭的需要，它有一种无形的、无法估量的特殊价值。如果我们重视当下的教育，社会就一定有希望和未来。只有健康的家庭，才有美好的未来。

Chapter 28

孩子对母亲和教师的需要

幼儿园教师需要继续母亲的养育职能。

幼儿园的作用不是代替母亲，而是填补母亲独自带孩子的时间。在详细讨论幼儿园的作用，特别是教师的作用之前，我们最好先总结一下婴儿最需要母亲做什么，以及母亲在促进儿童早期心理健康发展方面起到的作用。只有根据母亲的角色和孩子的需要，才能真正理解幼儿园如何继续做好母亲的工作。

关于儿童在婴儿期和幼儿园阶段的需要，如果我们简要陈述，难免会有疏漏。然而，就现有的知识水平，我们很难做出详细的陈述，但对于关注婴儿心理发展的临床研究的专家来说，以下的概述似乎是被普遍接受的。

在此，我有必要对母亲、幼儿园教师和孩子做初步的说明。

母亲不需要理性地了解养育工作，因为她对自己孩子的了解，使她能够胜任这份工作。其实，正是她对宝宝的母爱，而不是个人的知识，才使得她在婴儿养育的早期阶段取得成功。

父亲的角色至关重要。父亲从对妻子的物质和情感支持，逐渐过渡到他与婴儿的直接关系。孩子上幼儿园后，父亲对孩子的重要性可能会超过母亲。

年轻的幼儿园教师在生物性上并不倾向于任何一个孩子，教师只是对母亲形象的间接认同。因此，教师有必要逐渐认识到，婴儿的成长和适应性是复杂的心理过程，需要特殊的环境条件。

学校的高年级教师，更需要理性地了解孩子成长和适应的本质。幸运的是，教师不需要什么都知道，但应该自然地接受成长过程的动态性和复杂性，并渴望通过客观观察和有计划的研究深入了解它。如果教师有机会与儿童心理学家、精神病学家和精神分析师共同探讨，或者自主学习，这对教师的发展有很大的帮助。

幼儿园是重要的教育阶段，孩子正处于成长过渡期。虽然在某些重要方面，2～5岁的儿童达到了青少年的成熟度，但在其他方面，同一个儿童通常也会表现出幼稚。只有当母亲的早期护理取得成功，而且父母继续提供必要的家庭环境，幼儿园教师才能顺利地进行学前教育。

实际上，幼儿园里的每个孩子都在特定的时刻，以特定的方式成为一个需要父母照顾的婴儿，出现这种情况的原因有可能是母亲养育失败。只要孩子的发展相对正常，幼儿园教师就有机会对母亲养育失败进行补充和纠正。因此，年轻的幼儿园教师必须学习必要的育儿知识和理论。

幼儿园阶段孩子的心理发展

在2～7岁时，每个正常的孩子都会经历强烈的心理冲突，这些冲突源于内在的本能倾向，这种本能倾向丰富了孩子的情感和人际关系。这个年龄段孩子的本能特征，已经不同于婴儿早期。他们的本能特征，更像在青春期才意识到的、作为成年人性生活基础的本能。孩子的意识和潜意识在幻想中呈现新的特征，这使得孩子认同父母的身份；而孩子的这些幻想体验在身体上伴随的反应，也引发了兴奋，孩子的兴奋程度与成年人体验的兴奋程度相差无几。

孩子进入幼儿园，开始学会建立人际关系。此外，这个年龄阶段的孩子仍在学习感知外部现实。孩子逐渐意识到母亲也有自己的生活，孩子不可能完全占有母亲。

孩子产生爱的观念后，就会出现恨、嫉妒和痛苦。当爱与恨强烈冲突时，孩子就会出现能力丧失、抑制、压抑等等，最终可能引起疾病。孩子还不会直接地表达感情，但随着成长，通过游戏和语言的方式，他们会学会自我表达，并因此获得解脱。

幼儿园发挥着重要作用，其体现在，幼儿园每天提供轻松的氛围，而不是在家里高度紧张的氛围。幼儿园给孩子提供了个人发展的空间，以至于孩子可以形成一种新的三角关系。

学校可以象征家庭，但不是家庭的替代品。学校为孩子提供与父母以外的人建立人际关系的机会。创建这个机会，必须有学校的教师和其他学生，以及学校宽容而稳定的制度框架。在这个框架中，学生可以充分体验学校的生活。

尽管孩子的很多行为看似成熟，但孩子仍有一些不成熟的表现。例如，孩子的准确感知能力还没有得到充分的发展，以至于我们发现孩子对世界的看法是主观性的，特别是他们在入睡和醒来的时候。当孩子感到焦虑时，他们很容易回到婴儿的依赖状态，往往表现为尿失禁，以及婴儿无法面对挫折的行为。由于儿童的这种不成熟特征，学校必须能够接管母亲的职能，就像母亲在生命之初给予婴儿信心一样。

幼儿园阶段的孩子并没有完全形成爱与恨的能力。孩子摆脱冲突的最好方法是区分好与坏。母亲自然地激发孩子的爱和愤怒，重要的是，母亲能让孩子在她身上，将看似好的东西和坏的东西相结合。因此，孩子开始产生内疚感、忧虑感，他们担心自己对母亲进行攻击行为。

内疚感和忧虑感的发展需要一个过程。它们的发展顺序是：爱（带有侵略性元素）、恨、消化期、内疚、通过直接表达或建设性游戏进行补偿。如果失去补偿的机会，那么孩子就会失去感知内疚的能力，最终失去爱的能力。

幼儿园的教师及工作人员，向孩子提供具有建设性的游戏，他们继续完成母亲的工作，使每个孩子都能找到方法处理攻击性和破坏性冲动带来的内疚感。

这个年龄段的孩子，母亲已经完成一项非常重要的任务——断奶。断奶意味着母亲已经给予孩子一些好东西，她一直等待孩子适合断奶的时机，并且她已经成功完成任务，尽管在过程中可能会引起孩子的愤怒。当孩子从家庭养育过渡到学校教育时，孩子的断奶经历起到关键的作用。研究孩子的断奶史，有助于年轻教师的教学工作，教师会更加理解孩子在入学时表现的种种困难。如果孩子顺利地入学，教师也可以把它看作是孩子成功断奶的延伸结果。

母亲通过各种方式，为孩子的心理健康奠定基础。例如，如果没有母亲耐心地向孩子呈现外部现实，孩子就无法与世界建立满意的关系。

此外，幼儿园教育提供了介于梦想和现实之间的中间区域，特别是幼儿园教师重视游戏的积极作用。幼儿园教师设计合理的游戏，并配套使用故事、图片和音乐等。幼儿园不但提供丰富的教学内容，而且帮助孩子在个人和群体之间寻找平衡。

通过不断地观察婴儿，将婴儿作为独立个体，母亲已经使婴儿逐渐形成个性人格。孩子从内部整合为一个完整的个体，这个整合的过程直到上幼儿园也在进行中。孩子在幼儿园时期，仍然需要形成个性人格，包括让孩子记住自己的名字、教孩子基本的穿衣打扮等。随着时间的推移，孩子的个体特征越来越明显，比如孩子自己想要参加集体活动。

婴儿出生后（或出生前），母亲对婴儿的身体照顾也是一个心理过程。母亲抱孩子、给孩子洗澡、喂奶，以及为孩子所做的一切，使孩子对母亲产生最初的印象，接着孩子又逐渐了解母亲的容貌、身体和情绪特征。

如果没有母亲健康的育儿方式，孩子就不会感觉身体是心灵赖以生存的家园。幼儿园为孩子提供一个环境，在这里，幼儿园教师关爱孩子的身体健康，并履行一项重要的心理卫生任务。

进食从来不是简单的食物摄取问题，在幼儿园，喂养是幼儿园教师继续母亲工作的重要一部分。幼儿园教师就像母亲一样，通过喂养孩子来表达爱。教师预料到食物可能被拒绝（憎恨、怀疑），也可能被接受（信任）。教师机械性地对待孩子是不可行的；对孩子来说，他们会感到敌意或冷漠。

通过阐述母亲的角色和孩子的需求，我们清楚地认识到，幼儿园教师需要继续母亲的养育职能，这与教师的主要职责并不冲突。幼儿园教师应该多观察孩子的家庭环境，了解父母的育儿情况，以便更顺利地帮助孩子发展。

幼儿园教师的责任和作用

幼儿园在某些方面补充并延续家庭育儿工作，幼儿园教师自然地接管了母亲的部分属性和责任，但并不是出于母子关系的需要。教师的职责是维护、加强和丰富孩子与家庭的关系，同时引入更广阔的世界和更多的人。因此，从孩子入园那一刻起，教师和母亲之间建立的真诚友好的关系，会唤起孩子对教师的信心；同时，建立友好的关系，也有助于教师发现并了解由家庭环境引起的孩子焦虑。

孩子进入幼儿园，是家庭之外的社会体验。入园可能会给孩子带来心理问题，同时也给幼儿园教师提供了机会，使教师成为孩子的首位心理方面的专家。入园也可能给母亲带来担忧。孩子顺利入园后，母亲发现孩子更渴望家庭之外的发展机会，使母亲误解孩子对外部世界的强烈需求是源于自己育儿的失败，其实这样的想法毫无意义。

这些问题说明，在幼儿园教育时期，教师有双重责任和双重机会。教师有机会帮助母亲发现自己的母性潜能，帮助孩子克服发展中的心理问题。对家庭忠诚和尊重，是维护孩子、教师和家庭之间牢固关系的根本所在。

幼儿园教师既是耐心的，又是富有同情心的角色。教师不仅是孩子在外生活的主要依靠者，而且是一个专业的、态度明确的教育工作者。教师能洞察孩子的喜怒哀乐，容忍孩子的情绪化，也会在孩子需要时展开怀抱。与母亲不同的是，教师接受过专业的训练，能从客观的角度教育孩子。

除了教师与个体儿童、群体儿童的重要关系以外，幼儿园的整体环境对儿童的心理发展也有重要作用。幼儿园提供了一个更适合儿童能力发展的环境，它与家庭环境截然不同。在家庭中，为了优先保证家庭良好地运转，很多家具、空间都是按照成年人的尺寸设计的，在这种环境中，儿童无法自由地跑动，或拥有自己独立的空间。幼儿园给儿童提供创造性的游戏，这种游戏对孩子的发展至关重要。

幼儿园还为儿童提供广泛地结交同龄伙伴的机会。儿童第一次体验成为同辈群体中的一员，因此他们渐渐拥有在群体中发展和谐关系的能力。

在童年早期阶段，儿童同时承担着三个心理发展任务。第一，孩子正在建立一个自我概念，称为"自体"，在自体和想象性现实之间构建一种关系。第二，孩子与母亲建立母婴关系。当孩子进入幼儿园之前，母亲已经使孩子在这两方面得到发展。事实上，入园对孩子和母亲的关系是一个冲击。在这种冲击下，孩子会发展另一种能力，即与母亲以外的人建立个人关系的能力。幼儿园教师是这种个人关系的客体，而不是孩子的母亲。对孩子来说，教师不是"普通"的人，也不能以"普通"的方式行事。因此，教师必须接受一种观念，即孩子只能慢慢地与他们亲近，才不会感到不安。第三，孩子成功地发展出第三种能力，即参与多人关系的能力。幼儿园阶段，每个孩子在这三个方面发展，很大程度上取决于孩子与母亲之间的关系。这三个发展过程将同时进行。

儿童成长过程中的正常问题

在这个发展过程中，儿童会出现"正常"的问题，这些问题经常通过孩子在幼儿园的行为表现出来。虽然发生这类问题是正常的，但孩子仍然需要在母亲的帮助下解决问题，否则可能会对孩子的性格形成造成不良影响。

由于学龄前儿童往往是自身强烈情绪和攻击性的受害者，他们很可能会伤害自己，教师应该保护孩子免受伤害，并在紧急情况下进行必要的控制和引导。此外，教师可以组织有意义的儿童游戏，以帮助缓解儿童攻击性的行为。

在整个幼儿园阶段，家庭和学校是相互影响的。如果孩子在一个环境中感到压力，也会在另一个环境中表现出行为紊乱。教师通常可以根据孩子在幼儿园的表现，帮助孩子解决他们在家里遇到的问题。

幼儿园教师不但要学习儿童成长的理论，而且要对儿童戏剧化的行为做好心理准备。教师还要容忍孩子因在家庭环境受到干扰，从而引发的烦躁情绪。不讲究卫生、进食困难、睡眠障碍、语言发育迟缓、运动障碍等，孩子的这些症状可能是成长过程中的正常表现，但如果表现过于严重，孩子就可能出现行为偏差。

孩子入园初期，幼儿园教师还将面临一系列挑战。例如，孩子在高度的依赖性和独立性之间摇摆不定，即使在幼儿园教育的后期，孩子在对与错、幻想与现实、个人财产与他人财产之间的混淆也依然存在。幼儿园教师要运用专业的知识，解决孩子的困惑。但是，如果孩子遇到成长的特殊问题，建议咨询育儿专家。

幼儿园不但培养儿童的学习兴趣，而且提供丰富多彩的活动，促进儿童的情感、社交、智力和体能全面发展。幼儿园教师在各项活动中发挥着重要的作用。教师既要对儿童的象征性语言和表达方式保持敏锐的观察，又要了解每个儿童在群体中的特殊需要。此外，教师还要思考游戏的独创性、智力性，结合不同游戏的价值性，设计出有趣的、创造性的、组织性的游戏。

在学龄前阶段，游戏是儿童解决情感问题的主要方式；游戏也是孩子的一种表达方式，是一种倾诉和解决的途径。教师要充分认识到游戏的重要性，以便随时帮助孩子解决成长过程中的困惑。教师必须经过严格的培训，这将有助于他们利用游戏的趣味性和启发性，指导学龄前儿童。

　　幼儿园教师要求具备必要的约束力和控制力，以此控制孩子的冲动和本能欲望。虽然孩子可以在家里尽情地表达冲动和欲望，但是这种行为在群体中是不被允许的。幼儿园提供的各种玩具和机会，使儿童的创造性和智力得到全面发展，并且让儿童的内在幻想更加丰富。

Chapter 29
影响与被影响的作用

———————

父母和孩子之间互相影响的关系越早出现，
就越会给孩子带来不良影响。

在人类科学探索中，最大的困难就是认识并且承认潜意识的存在。当然，人们早就知道潜意识的存在。例如，人们知道产生想法，或是恢复失去的记忆，或是召唤灵感，无论这些感觉是善意的还是恶意的。直觉地认识事实，与客观地陈述潜意识及其在事物中的重要地位之间，有很大区别。我们需要勇气发现潜意识的感受。

一旦我们接受潜意识，就会踏上一条迟早让自己痛苦的道路——无论我们多么努力地忽视邪恶、他人的侵犯和不良影响，最终我们会发现：无论人们做什么、受到什么影响，都是源于人性本身，也就是源于我们自己。有害的环境当然

是存在的，但是，我们应对环境中的困难，主要来自于内心
存在的本质冲突（前提是我们有一个良好的开端）。这一点，
人类早已认识到。

人们很难接受本性的善良，而把好事都归功于命运的安
排。当我们思考人性的含义时，很可能会被恐惧所阻碍。

认识人性中的意识和潜意识后，我们就能够从研究人类
关系中受益。在这个宏大的主题中，影响和被影响的力量
无穷。

对教师来说，研究人际关系中的影响力具有重要性；对
社会生活中的学生来说，研究影响力的意义非凡。对影响力
的深入研究，使我们更加了解潜意识。

人类关系中的互相影响

有一种人类关系，理解它将有助于阐明影响力。这种人
类关系起源于个体生命的早期，个体与另一个人的主要接触
发生在喂奶期间。

与普通的生理性喂养不同的是，儿童的心理也对环境中
的人和事物不断地吸收、消化、保留和拒绝。尽管孩子长大

了，发展出其他关系，早期的关系仍然贯穿于孩子的整个生命。在人类的语言体系中，有许多单词或短语描述人类与食物的关系，或者描述人类与非食物之间的关系。鉴于这一点，我们审视正在研究的问题，会了解得更加透彻、清晰。

有不被满足的婴儿，也有急切地希望婴儿多吃奶，但是徒劳无功的母亲。在人际关系中，有的人总是感到不满足，还有的人经常感到沮丧和失望。

内心空虚的人，害怕空虚带来的孤独和忧郁，进而变得极具攻击性。造成空虚的原因有很多，比如一个好朋友去世，丢了某件贵重的物品，或者是由于主观的原因变得抑郁。这类人需要找到一个新的客体填补空虚，他们需要一个新个体取代失去的人，或者需要一套新思想、新哲学体系取代失去的理想体系。显然，空虚的人特别容易受到影响，除非他们能忍受压抑、悲伤或无望的情绪，并等待自然痊愈，否则他们必须去寻求新的影响，或顺从任何可能出现的巨大影响。

当然，还有另一种人，他们给予、满足他人，并深入他人的内心，证明自己给予的都是好东西。他们的潜意识中，本身存在着对潜意识的怀疑。这样的人在教书、组织活动和宣传工作中，通过影响他人的行动来实现自己的目标。作为一个母亲，她可能会过度喂养，或用急于求成的方式教育孩子。这种急切地渴望，与饥饿或焦虑之间存在某种联系。

正常的教学驱力也与某种渴望相关。某种程度上，人们需要工作来保持心理健康，教师、医生和护士也是如此。我们的驱力是否正常，很大程度上取决于焦虑的程度。据我观察，小学生更希望老师没有迫切的教学需要，多给他们留一些活动时间，这样他们的负担就不会太重。

当两种极端类型的人相遇，受挫的给予者遇到失意的接受者时，会发生什么？一个空虚的人急切地寻找新的影响力，而另一个人渴望进入某人内心并施加影响力。在极端的情况下，一个人似乎把另一个人整个吞掉了，其结果可能是不堪设想的。这种一个人被另一个人合并的现象，可以解释为我们经常遇到的伪成熟状态，也可以说一个人看起来总是装模作样的。一个孩子模仿英雄，他表现得很好，但是这种表现好是不稳定的；另一个孩子模仿令人畏惧的恶棍，你知道，模仿恶棍的孩子本身并不是坏孩子，他只是在扮演角色而已；一个孩子生病，可能是模仿一个刚刚病逝的人，因为孩子深爱着这个人。

我们发现，影响者和被影响者之间的亲密关系是一种爱的关系，很容易被误认为是真爱，尤其是互相影响的双方。

互相成就的师生关系

大多数师生关系也是互相影响的。老师喜欢教书，并从学生的进步中获得信心；学生尊重老师的教学，但不必被焦虑所迫，或者盲目地相信老师教授的所有内容。老师要接受学生的怀疑或质疑，就像母亲能容忍孩子对不同食物的喜好一样；当学生的困惑不能被立即解答时，学生也要有一颗包容的心，给老师充足的思考时间。

在实际教学中，老师要保持积极乐观的工作态度，否则，老师可能会无法接受学生对其教学内容的质疑。学生的质疑是不可避免的，除非老师不正当地压制，或者置之不理。

同样，父母和孩子之间也是互相影响的。事实上，这种互相影响的关系在孩子的生活中出现得越早，就越会给孩子带来严重的后果，因为不良的影响，会逐渐取代父母对孩子的爱。

当婴儿有强烈的排便欲望时，母亲表现得漠不关心；或者当母婴之间遇到矛盾时，母亲自以为是，坚持自己的想法，毫不考虑婴儿的感受。我们认为，这类母亲的爱是肤浅的，她可能会凌驾于孩子的欲望之上，即使育儿成功，也会被孩子认为是无趣的。这类母亲很快会经历失败，孩子潜意识的抵抗可能难以平复。

教师应该勇于面对教学过程中的挫折，即使挫折感很强烈。在学习的过程中，学生难免也会屡受挫折。学生需要老师的谆谆教诲，而老师自身承受挫折的能力，也在无形中影响着学生的成长。

教师必须要承受很多挫折。教学是不完美的，难免会出现错误。有时，教师可能会表现得刻薄或不公平。遗憾的是，在教师看来最好的知识和经验，也会遭到学生的质疑。学生会把他们性格和生活经历中的怀疑带到学校，怀疑是他们情感发展扭曲的一部分。此外，学生经常误解他们在学校里发生的事情，因为他们期望学校也能重现家庭环境，或者以完全相反的方式表现出来。

我们观察得越多，就越容易发现：良好的师生关系是自发性和独立性的相互牺牲。认识这一点，不仅对特定学科的教学很重要，而且是教育目标重要的一部分。如果教育中没有"给予和接受"，或者一方的人格支配另一方的人格，那么即使学生的成绩优异，教育也是不成功的。

我们可以得出什么结论?

我们深刻地思考，正如对教育的反思一样，得出结论：在教育方法的评估中，仅使用成绩的成功或失败来评判教育，是错误的。这种成功很可能是学生找到对付某个老师、某个科目的捷径，那就是顺从或者奉承老师。学生对于知识不求甚解，也不加以怀疑，这显然是错误的。就个人发展而言，这样的孩子很难取得成功。当我们研究教育的影响力时，我们已经看到，教育的失败在于滥用孩子最神圣的属性——自我怀疑。有的教师知道这一切，并通过提供一种不受怀疑的学习环境来行使权力。这是多么的枯燥乏味！

Chapter 30
教育诊断

好的教学和好的医疗实践一样，都要基于评估和诊断。

作为一名医生，我能为老师提供什么帮助呢？显然，我不能教老师如何教书，也没有人希望老师对学生采取治疗性的态度。学生不是患者，至少他们在接受教育的时候不是老师的患者。

当一名医生调查教育领域时，经常会问一个问题：医生的工作是以评估和诊断为基础，那么在教学中，与临床工作相对应的又是什么呢？

对医生来说，评估和诊断是非常重要的工作。医学院曾一度重视治疗类学科，而忽视诊断学。患者用药后，症状消失，在患者看来，他得到有效的治疗；但从社会学角度看，这个案例可以更加完善。人们应该意识到优良医学的基础——准确地评估和诊断。科学的评估和诊断是诊疗的首要环节。医生的所有诊疗措施都要以对疾病的评估和诊断为依据，护士的护理要基于医生的诊断，配合医生的工作。医护之间是相互协作的互补型关系，其共同目标是治愈疾病。在科学的基础上进行研究和诊断，是医疗中最宝贵的部分。

不容忽视的教育评估与诊断

当我们对教师进行评估与诊断时，我们发现了什么？我的发现很可能是错的，但我不得不说，在教学活动中，我几乎看不到能真正等同于医生深思熟虑的诊断的内容。在我与教师交流的过程中，我经常发现大多数儿童在没有得到诊断的情况下就接受教育，只有少数情况是例外的。也许医生可以就评估和诊断的方式，向教育工作者提出有用的经验。

每所学校都有各自的诊断方式。如果一个孩子令人讨厌，那么这个孩子就会被赶走，或者被劝退，或者通过间接的压力被转学。虽然这种"诊断"方式可能对学校的名声有利，但对孩子的发展不利。大多数教师认为，最好的办法是在一开始就淘汰这些孩子。学校委员会或校长发现，"不幸的是，现在不能再招收更多的这类学生"。然而，校长很难确定，他在拒绝接收有疑问的学生同时，是否也将有潜力的学生拒之门外。如果有一种选择学生的科学方法，学校和教师会理所当然地采用。

我们已经拥有科学的方法测试智力，即智商测试。智商测试的种类多样，而且测试的范围也逐渐扩大，尽管有时它们被赋予的意义，超出它们本身所代表的意义。通过这些精心设计的测试，我们得知，一个孩子虽然现阶段成绩不好，但是他有能力取得优异的成绩。现阶段成绩不好，若不是教学方法有问题，就很可能是孩子的情绪困扰阻碍了他的能力发挥。

如果一个孩子的智力水平低于平均值，那强迫他接受超常儿童的教育是无济于事的。心智缺陷的孩子，往往在进行测试前就明显地表现出来。为发育迟缓的孩子提供特殊教育，或者设置职业训练中心，是任何教育计划的重要组成部分。

到目前为止，我们已经用科学的方法做出诊断。然而，大多数教师认为，自己的班级中既有聪明的学生，又有迟钝的学生，这是正常的事情。只要班级的学生人数适当，教师会尽量适应每个学生的不同需求，从而照顾到个别学生。教师不仅要适应学生智力水平的差异，而且要接受学生情感需求的差异。在教学方面，一些学生只要被灌输知识，就能掌握得很好；另一些学生只能按照他们自己的方式学习，而且几乎是秘密进行的。在纪律方面，因为学校没有硬性的规定，所以群体的差异性很大。也许善良在一所学校里有用，但它在另一所学校可能没用：自由、善良、宽容和严厉一样，因环境的不同，都可能对孩子造成不良的影响。

此外，学生有各种情感需求——学生对老师人格的依赖程度，以及学生对老师的原始情感。虽然老师设法满足每个学生的需求，但是自己不得不拒绝某些需求，因为还要考虑到其他学生的需求。如果学校只迎合一两个学生的特殊需要，大多数的学生就会感到不安。这些都是棘手的问题，萦绕在教师心头。作为医生，我的建议是：教师应该做充分的诊断工作。也许问题在于教师没有设定分类筛选的规则。以下的建议可能会有帮助。

在任何一群孩子中，既有生活在和谐家庭的孩子，也有生活在混乱家庭的孩子。和谐家庭的孩子很自然地利用良好的家庭氛围，发展他们的情感，他们已经在家里完成验证性试探和实践活动，这些孩子的父母有能力并且愿意承担责任。孩子上学是为了更加丰富的生活，并且他们有学习的动力。即使偶尔厌倦学习，孩子也能够每天坚持学习，以此通过考试，最终像父母那样找到稳定的好工作。和谐家庭的孩子期望参与有组织、有规模的游戏，因为这类游戏在家里无法实现。

相比之下，对于生活在混乱家庭的孩子来说，他们去上学有其他目的，学校会提供家庭不能提供的东西。孩子来学校不是为了学习，而是为了在学校找到另一个家。他们寻求一个稳定的情感环境，在这个环境中他们可以表现出情绪易变性，并逐渐尝试成为群体中的一员；他们还可以验证性试探群体抵御攻击和容忍攻击性的能力。如果教师将这两种类型的孩子安排在同一个班级，是多么不可思议啊！我们应该有计划地设立不同类型的学校或班级，以适应极端的群体。

在教学管理上，教师应该做到因材施教。上述例子中，和谐家庭的孩子关注教师的学术指导，他们更在意教师的教学水平。对于生活在家庭混乱的孩子而言，他们需要有组织的学校生活。学校有专业的人员管理、规律的膳食安排，以及儿童情绪的安抚等。对于这类孩子，重点是管理。为家庭混乱的孩子选择教师时，应该考虑到教师的性格成熟度，或者教师是否家庭幸福，而不必过于看重其学术能力。这类孩子的教学工作只能以小群体的形式进行。要是一名教师照顾过多的孩子，那么要如何了解每个孩子，并为其每天的变化做好准备呢？又如何才能区分孩子由潜意识导致的暴躁情绪，以及有意识地试探权威呢？在极端情况下，学校必须采取措施，比如为孩子提供宿舍，以便教师有更多机会实地教学。在小群体教学中，每个孩子都配备了专业的教师。教师因地制宜的管理，使孩子收获更多。当教师处理孩子家庭生活的困扰时，会感到左右为难，这也进一步证明，家庭混乱的孩子更适合小群体教学。

家庭环境对孩子成长的影响

在教育诊断的过程中，我们还会面临公立学校和私立学校的问题。各种类型的学校、风格各异的教师团队，渐渐地，父母们通过传闻，将这些学校分类，然后为自己的孩子找到适合的学校。然而，有些地方只有公立学校，这种情况就不同了。有的孩子只能选择他们居住地附近的学校，因此很难找到适合自己的学校。

学校可以区分孩子的智力水平，但是学校根据家庭环境的好坏来区别对待孩子，是不恰当的做法。如果学校试图刻意地区分家庭环境的好坏，可能会出现严重的错误，而这些错误必然会影响一部分父母，因为他们的教育方式是别出心裁的。

家庭环境的好坏仍然值得关注。或许特殊情况能更好地说明问题。例如，一个反常的孩子，他的家庭教育失败了，因此他需要特殊的管理。由此我们认识到，"正常"的孩子可以分为两类：一类孩子拥有和谐的家庭，教育是对孩子成长的补充；而另一类孩子的家庭环境混乱，他们更希望从学校获得在家里缺乏的特质。

其实，家庭环境好坏的问题是错综复杂的。和谐家庭的孩子，即使拥有良好的家庭氛围，也会因为自身的人格问题，无法利用好家庭环境的优势。很多家庭环境良好的孩子，在家里都很难管教。然而，我们为了说明这个问题，将家庭能够应付的孩子和家庭不能应付的孩子区分开。在进一步探讨的过程中，我们有必要认识，有的家庭在给孩子良好的开端后，就让孩子感到失望；还有的家庭甚至在婴儿早期没有对孩子进行个人化引导或向孩子介绍世界。就第二类孩子而言，父母本来可以给予必要的引导，但被某些事情耽搁了，比如手术、长期住院、因疾病而突然离开孩子等。

好的教学和好的医疗实践一样，都要基于评估和诊断。儿童分类的方式有很多，比如根据年龄和性别进行分类，或者根据精神病理的类型分类等。教师把性格孤僻、心事重重的孩子和性格开朗、善于表现的孩子放在一起，这是多么奇怪啊！当一个抑郁的孩子被无忧无虑的孩子影响时，这个孩子会感到多么痛苦啊！如果教师只用一套教学方法，既要应对孩子兴奋的情绪，又要管理孩子不稳定的抑郁情绪，这是多么困难啊！

当然，教师确实能根据实际教学中遇到的情况和变化，调整自己的教学方法。从某种意义上说，这种分类诊断的方法已经过时。然而，我仍要提出建议，教学应该建立在诊断的基础上，就像良好的医疗实践一样，而仅靠老师的直觉性理解，是不可能成功教学的。

Chapter 31
儿童的害羞与神经障碍

正确地搜寻孩子的历史经历，
将有助于诊断孩子的害羞和紧张。

医生的职责是满足患者的个人需要。也许医生不适合与老师深度地交流，因为老师从来没有机会只关注一个孩子。通常，老师们有个愿望，他们想要对某一个孩子更好，但同时又要克制自己，以免在整个群体中引起混乱。

这并不是说，老师对研究个别孩子不感兴趣。医生的话会使老师更清楚地认识孩子，例如，孩子为什么会感到害羞和害怕？深入了解孩子的行为，可以缓解老师的焦虑，以便更好地管理孩子。

有一件事，医生可能比老师做得好。医生从父母那里尽可能清楚地了解孩子曾经的生活与他现在的生活，医生试图将孩子的症状、人格以及内外部经历联系起来。然而，老师并没有足够的时间，或充分的机会了解孩子。我猜想，老师们并不经常利用诊断的机会。通常，老师可能知道孩子的父母是怎样的人，尤其是挑剔的父母或随意的父母，但是老师了解的这些仍是有局限的。

即使我们忽略孩子的内在发展，也可以从生活的其他方面了解孩子。例如，当孩子的至亲去世，孩子是如何反应的？有个孩子，他本来很正常，直到有一天，他的哥哥因车祸意外去世，自此以后，孩子变得郁郁寡欢、四肢疼痛、失眠、厌学。然而，没有人愿意尽心地搜寻孩子变化的原因。孩子的父母只顾自己疗伤，很可能没有意识到孩子的状态变化与家人离去之间的联系。

缺乏搜寻历史经历的后果是，老师和家长都在管理上出现一系列错误，这只会伤害孩子。孩子非常渴望有人理解自己、关心自己。

引起儿童害羞怯弱的原因

当然，大多数儿童的紧张和害羞的原因并非如此简单。很多时候，老师无法觉察明显的诱发因素。一旦老师发现诱发因素，就一定不要错过。

有个案例，令我记忆犹新：一个冰雪聪明的 12 岁女孩，在学校突然变得神经质，到了晚上会遗尿。似乎没有人注意，女孩因为心爱的弟弟去世而悲痛欲绝。她的小弟弟因为发烧，住院一两个星期。不幸的是，弟弟病情恶化，患上结核性髋关节炎。最终，弟弟病情加重，遭受了很多痛苦，因广泛性结核病去世。家人们都认为，对于弟弟而言，这是一种解脱。

弟弟溘然辞世，以至于女孩来不及感到强烈的悲痛。然而，悲痛就在那里，等待着女孩承认。我找到一个机会，问她："你很喜欢弟弟，是吗？"这突如其来的一句话使她失去控制，泪如泉涌。此后，女孩在学校里恢复了正常，晚上也停止了遗尿。

这种直接治疗的机会，并非每天都能遇到。这个案例说明，当教师和医生没有准确地获取孩子的病史时，他们对孩子的问题是束手无策的。

有时，只有经过大量的调查，诊断才会逐渐清晰。有个 10 岁的女孩，我听到她的老师说："她和其他孩子一样，很容易紧张和害羞。我小时候也非常害羞，我理解这种感觉。在我的班级里，我善于管理情绪紧张的孩子，我有办法让他们在几个星期内变得开朗起来，可这个孩子却把我打败了。无论我做什么，似乎都是徒劳无功。她的症状既没有好转，也没有恶化。"

女孩接受过精神分析治疗，直到她封闭的内心世界被打开之后，她的害羞才消失：这是一种严重的精神疾病，只有经过精神分析才能治愈。从表面上来看，这个害羞的女孩和其他孩子之间并无区别。然而，当女孩生病的时候，她既不能学习，又没有安全感；她被恐惧驱使着，只能尽量表现得像正常孩子一样。女孩不想暴露出自己需要帮助，因为她根本就没有对得到或接受帮助抱有希望。女孩在接受一年多的治疗后，她的老师也能像管理其他孩子一样对待她。最终，女孩的成绩出类拔萃。

许多爱紧张的孩子，在心理上都有一种对迫害的预期。认识这一点，将有助于我们区分这类孩子和其他孩子。这类孩子经常受到迫害和欺负，他们不擅长结交很多朋友，尽管他们可能会和同类朋友联盟，共同对抗敌人。

有趣的是，这类爱紧张的孩子经常抱怨老师。幸好，我们知道事实的真相。孩子抱怨的原因通常是一种妄想，或者是一种微妙的误述，但都是出于孩子苦恼的信号，一种隐藏的潜意识中受迫害的信号。因此，孩子会更加害怕。当然，也有少数不好的老师，他们甚至会斥责孩子。孩子的不断抱怨，几乎是患有受迫害的心理疾病的征兆。

许多孩子经常通过惹麻烦，来解决他们"被迫害妄想"的问题。孩子在潜意识中产生迫害人的老师形象，他总是在惩罚孩子。老师被这类孩子的强迫性行为影响，他不得不变得严格起来。老师对整个群体普遍实行严格的管理，实际上只对这类孩子有利。有时，老师把这类孩子交给其他同事管理，这样他就可以理性地对待其他的孩子。

正确评估儿童的紧张和害羞

当然，紧张和害羞也是正常的表现。在我的诊室，我通过"正常羞怯缺失"的特点，来识别某些人的心理障碍。当我检查其他患者时，有个孩子在我周围徘徊，虽然他不认识我，但直接走到我身边，趴到我的膝盖上。其实，正常的孩子会害怕和陌生人接触，他们会先向我询问、提出令他们安心的要求。

这种正常的紧张感在蹒跚学步的孩子身上更明显。如果一个小孩子不害怕喧闹的街道，甚至不畏惧雷雨，那么他不是健康的。这样的孩子内心存在恐惧，就像其他孩子一样，但他不能冒险地在外部表现，不能让他的想象失去控制。有的父母和老师，也经常把逃避现实作为抵御无形的、怪诞事物的主要手段，他们有时会认为，孩子不害怕狗、打针和打雷就是聪明和勇敢的表现。实际上，小孩子应该会感到害怕，通过看到外部的人、事物和环境的险恶，释放自己内在的紧张和害怕。孩子只有通过现实检验，才能改变内心的恐惧，这个过程没有人能代替他们。一个无所畏惧的小孩，要么是在逞强，要么就是生病。如果他生病了，对生活充满恐惧，他依然可以通过自己的能力，发现内心的善良，并再次感到安心。

　　因此，害羞和紧张是需要诊断的问题，也需要根据孩子的年龄加以考虑。正常的孩子可以接受良好的教育，不正常的孩子会浪费教师的精力和时间，按照这个原则，我们对于正常的界定是什么？如果我们能够根据个案的症状，得出合理的结论，那么对孩子是公平的。我建议，人们首先要充分了解孩子的情绪发展机制，然后正确地搜寻孩子的历史经历，这将有助于诊断孩子的害羞和紧张。

Chapter 32
学校的性教育

成熟、和谐的环境有助于孩子性的自然发展。

孩子们不能被归类，也不能完全被相提并论。孩子的需求因其家庭影响、个性特点和健康状况而各不相同。然而，我们只能简述学校的性教育，而不是将个人的要求完全对应这个主题。

在性教育这件事上，孩子们同时需要三个条件：

（1）他们身边有人可以倾诉，这些人是值得信赖的，能和孩子成为朋友。

（2）他们需要像学习其他课程一样，认真学习生理知识——关于生命、生长、繁殖，以及生物有机体与环境之间的真相。

（3）他们需要持续稳定的情感环境，在此环境中，他们可以自行发现自身性欲高涨的方式，以及性欲如何改变、丰富、复杂和开启人际关系。

在学校，性教育讲座是比较常见的教育形式。通常，一个老师来学校演讲，结束后离开。我们应该劝阻那些急于向孩子们讲授性知识的人。此外，学校老师也不应该完全认同性教育讲座这种形式。孩子个人的探索发现，或许比老师直接传授性知识的效果更好。

在寄宿学校里，已婚的教职员工可以在性教育方面为学生提供自然而有利的引导，这往往比讲座更有启发性和教育性；走读的学生也能通过和已婚的亲朋好友交谈，了解更多。

性教育讲座是有局限性的。一方面，演讲者只能给孩子们讲述某些特殊而私密的情况，这些情况是偶然的，而不是孩子们的普遍需求。另一方面，性教育讲座很少能真实而完整地呈现性的全貌。例如，演讲者有一些偏见，认为女性是被动的，男性是主动的，或者直接讲述生殖的意义，甚至还会误导母爱理论，不顾婴儿的困难，等等。

即使是最好的性教育讲座，也是枯燥乏味的。只有人们通过体验来接触这个主题，才能更理解它。此外，性功能专家也对这个主题有发言权，他们对如何呈现性知识有专门的研究。邀请专家与学校教师座谈，也许是一种解决办法。在专家的指导下，教师拥有更坚实的知识基础。当教师与孩子接触时，能够自由地按照个人方式行事。

自慰是一种性的副产品，它对孩子来说具有重要意义。很多时候，自慰这个话题是私密的，或许只能和朋友或知己私下交谈。就某个孩子而言，自慰是有害的、强迫性的，而且是非常厌烦的，事实上，自慰还可能是精神疾病的前兆；对其他孩子来说，自慰可能是无害的，甚至不会带来麻烦。关于这个话题，孩子们很少有机会和母亲促膝长谈，事实上，他们本可以放心地和母亲讨论。如果母亲做不到这一点，那么至少有其他人可以和孩子交谈，甚至可以给孩子安排一次心理咨询。你要知道，一般课堂上的性教育并不能解决孩子的所有问题。

教师在艺术课上提出性教育的主题，或许更合乎逻辑。思想和想象力会引起身体的伴随反应，它们和思想一样，都需要受到尊重和关注。

对于青少年照顾者，不能盲目煽动孩子们做性探索。许多孩子在婴儿期没有和母亲建立满意的关系，当孩子成人并与他人发生性关系时，才感受到人与人之间的交互关系。性教育的主题是至关重要的。

很多成年人不喜欢孩子，他们通常有一种强烈的社会意识；还有的成年人不知道如何教育孩子。小孩子有早期的负罪感，因为父母经常给孩子灌输道德观念，而孩子自身的道德观念可以自然地发展，并成为稳定的社会力量。

如果年轻的情侣不想生育，他们会采取措施避免这种情况发生。他们会在性游戏和性关系中成长，直到他们意识到生孩子是婚姻的结局。这可能需要花上几年的时间。通常来说，当伴侣的关系稳定，他们就会开始考虑结婚，组建家庭和生儿育女。

就孩子性的发展来说，性教育的作用不明显。事实上，性的自然发展只能靠孩子自己创造。成熟、和谐、非教条主义的环境有助于孩子性的自然发展。此外，在成长关键期，很多孩子会出现叛逆，家长和老师要尽量理解孩子，不让孩子产生敌对情绪。

当父母不能满足孩子的需要时，老师或学校本身可以做很多事情弥补不足。他们要通过树立榜样的诚实正直、奉献精神来解答孩子的问题，而不是通过有组织的性教育讲座。

对幼儿来说，性的解答就是生物学解释，是对自然现象的客观呈现。大多数孩子喜欢养宠物，他们也对花鸟鱼虫感兴趣。在进入青春期之前，孩子可以进一步了解动物的习性、对环境的适应性，以及使环境适应它们的能力。其中包括物种的繁殖，以及交配和怀孕的解剖学和生理学知识。

孩子们喜欢生物，生物老师通常会讲授动物父母之间的动力性意义，以及进化过程中家庭生活的发展方式。不过，老师不必有意地将讲授的内容应用于人类，因为进化过程是显而易见的。

孩子们可能通过主观的阐述，将人类的感情和幻想带入到动物的行为，而不是盲目地把动物本能过程应用到人类行为。生物老师和其他学科的老师一样，要引导学生运用客观和科学的方法，让学生体会学习生物的乐趣。

对老师来说，讲授生物学的过程是愉快的，甚至是兴奋的，因为这门课使孩子懂得生命的意义。（当然，有的人通过历史、经典著作也可以理解生命的意义。）然而，把生物学知识应用到孩子的个人生活和感受上，完全是另一回事。

老师通过巧妙地回答孩子的问题，将一般情况与特殊情况相互联系。毕竟，人类不完全是动物；人类拥有丰富的幻想、精神、灵魂或内心世界。有些孩子通过身体触及灵魂，有些孩子则通过灵魂触碰身体。"积极适应"是儿童养育和教育的基本原则。

总之，孩子应该得到全面而真实的性教育。性教育不能代替个人的探索和实现。真正的压抑是对教育的抵制，在一般情况下，如果没有心理治疗，孩子的压抑最好通过朋友的理解来解决。

Chapter 33
青少年犯罪的重要问题

有时，当孩子偷窃的时候，他其实是在寻找母亲。

青少年犯罪是一个宽泛而复杂的主题。我将试图简述顽劣儿童，以及儿童犯罪与匮乏的家庭生活之间的关系。

在普通的家庭里，一般是父母双方共同承担育儿的责任。婴儿出生后，母亲（在父亲的支持下）养育孩子，研究孩子的个性，处理孩子的个人问题。孩子的所有问题影响着社会的最小单元——家庭。

家庭的稳定性对孩子的作用

正常的孩子是什么样？他是不是只会吃东西、成长，以及甜美的微笑呢？不，他不是那样的人。一个正常的孩子，如果他对父母有信心，就会全力以赴地成长。

孩子在成长的过程中，会出现捣乱、搞破坏、侵占物品等行为。如果一个人被送上法庭（对青少年而言是收容所），我们追溯到他的婴幼儿时期，在儿童与家庭的关系中，都能找到相关的证明。如果父母能容忍孩子的破坏性，孩子就会安心玩耍；不过，孩子在玩耍之前，一般会试探一番，尤其是当孩子质疑父母的关系和家庭的稳定性时。孩子需要意识到一个框架，这样他才能怡然自得。

人类情绪发展的早期阶段，充满潜在的冲突和破坏。人类与外部现实的关系没有牢固的根基；人格还没有很好地整合；原始的爱具有破坏性的目的，孩子还没有学会容忍和控制本能冲动。如果周围的环境是稳定的，孩子就能逐渐学会控制冲突和破坏，甚至学会更多的事。最初，孩子害怕自己的想法和想象。孩子生活在一个被爱和有希望的环境中，才能在情感上顺利地发展。

如果在孩子意识到家庭的框架之前，他的家就让他大失所望了，孩子会怎么样呢？人们一般认为，当孩子感觉"自由自在"时，他就会欣然自得；然而，事实并非如此。当孩子发现生活框架被打破，就会变得焦躁不安。如果孩子没能从家庭中获得足够的安全感，他会向外部世界寻找支持，比如他会向亲朋好友、学校寻求帮助。孩子在外部环境的支持下，获得他在家庭失去的东西。

孩子努力寻求一种外在的稳定，如果没有这种稳定性，他可能无法生存。一般情况下，这种稳定性可能会像孩子身体里的骨头一样生长。在生命的最初几个月到几年，孩子会从依赖逐渐过渡到独立。通常，顽劣儿童会扩大寻找框架的范围，他们把希望寄托于社会，而不是依靠家庭或学校提供的稳定性。顽劣儿童只有拥有稳定性，才能度过情感成长的早期必要阶段。

当孩子在家里偷糖的时候，他其实是在寻找只属于他的母亲。事实上，这份甜蜜本来就属于孩子，因为孩子用爱创造了母亲和他的亲密关系。孩子也在寻找他的父亲，而父亲会保护母亲。即使孩子偶尔会攻击母亲，这也是出于孩子原始的爱。

当一个孩子在外面偷东西时，他也是在寻找他的母亲。在寻找的过程中，孩子体验到更多的挫败感，同时也越来越需要找到父亲的权威，这种权威可以限制孩子的冲动行为。

我们很难对青少年犯罪袖手旁观，因为我们看到孩子迫切需要严厉的父亲，以及被父亲保护的母亲。在孩子眼中，父亲可能是严厉的，也可能是慈爱的，但他必须是严格和坚强的。只有严格而坚强的父亲形象出现时，孩子才能重拾原始的爱的冲动、负罪感和改过自新的愿望。除非孩子有新的改观，否则他只能逐渐变得压抑沮丧，最终除了暴力之外，他无法感受到现实的事物。

孩子的顽劣行为并不一定是生病，有时这种行为只不过是一种求救信号，孩子在呼唤强大、善良的人对自己进行控制。然而，大多数犯罪的青少年在某种程度上都不是健康的，也可以说他们生病了。在强有力的管理下，一个顽劣的孩子可能看起来很正常，但如果给他自由，他很快就会做出危险的行为。因此，他违背社会规范（却不知道自己的目的），为的是重新从外部建立对自己的控制。

在成长的最初阶段，正常的孩子会在家庭的帮助下，逐渐发展自我控制的能力。孩子形成一种"内部环境"，他们倾向于寻找良好的外部环境。对顽劣孩子来说，他们没有机会发展良好的"内部环境"，如果他们想要舒适地生活、玩游戏，就需要外部对他们的控制。在正常儿童和顽劣儿童之间，是有机会建立稳定性信念的儿童，他们需要善良的人持续地管理和控制。一个六七岁的孩子，比一个十几岁的孩子更有可能通过这种方式获得帮助。

在战争中，许多人都见过这样的事情：那些失去家人的孩子，最终在收容所里才能获得稳定的环境。在战争年代，顽劣儿童被当作生病的孩子对待。这些专门设立的收容所，是社会适应不良儿童的安身之处，为社会做了预防性工作。通常，收容所的大多数孩子没有被送上法庭，而很多工读学校的孩子已经被法庭宣判。收容所不仅是将犯罪视为不良行为的地方，而且是研究青少年犯罪并获得经验的地方。

收容所有时也被称为儿童的寄宿之家，这里为顽劣儿童提供学习和改变的机会。对执法人员而言，仅仅参观工读学校、收容所，或者听人谈论顽劣儿童是不够的，他们唯一能做的是承担部分责任，哪怕是间接地支持那些顽劣儿童的照顾者和管理者。

在社会适应不良儿童的特殊学校里，人们以治疗为目的开展工作，这会产生很大的不同。失败的孩子最终会被送上法庭，而成功的孩子就能成为合格的公民。

父母如何帮助顽劣儿童？

我们回到失去家庭生活的儿童主题上。通常，我们有两种方式处理孩子的问题，一种是我们可以为孩子提供个人心理治疗，另一种是给孩子提供一个稳定的环境，以及个性化的关爱，以便逐渐提升他们的适应程度。

事实上，假如孩子没有稳定的环境，仅靠个人心理治疗，是很难成功的。此外，如果孩子拥有和谐的家庭，那么心理治疗就变得无足轻重。即使我们有专业的精神分析师，他们也要经过培训之后才能提供合格的个人治疗。然而，急需治疗的案例已经很常见。

个人心理治疗，旨在使儿童的情感得以发展。在治疗的过程中，既包括帮助孩子建立良好的感知事物的能力，感受外在和内在世界的真实，又能使孩子的人格实现整合。

此外，充分的情感发展还有更多的意义。在儿童情感发展的过程中，他们会出现担忧和罪恶感，以及想要补偿的冲动。而家庭本身有最初的三角关系，以及属于家庭生活的所有复杂的人际关系。

如果儿童情感发展顺利，孩子会善于自我管理，他们也能妥善处理与成年人、其他孩子的人际关系。但是，孩子也可能要面对很多新的难题，比如抑郁的母亲、躁狂的父亲、爱打架的兄弟和乱发脾气的姐妹。

我们深入观察儿童的情感发展过程，就能理解为什么婴幼儿需要自己的家庭，如果可能的话，还需要稳定的家庭环境。对于失去家庭生活的孩子，我们最好在婴幼儿时期，就为他们提供一些人性化、稳定的成长环境，否则他们很可能做出不良的行为。

在心理学上，有个概念叫"抱持"，是指母亲能满足婴儿早期的各种生理需求。对父母来说，与其被迫抱持生病的顽劣儿童，不如从最开始就尽心地养育每个婴儿。

Chapter 34
孩子攻击性的根源

早期的婴儿攻击行为，指引婴儿发现自我以外的世界。

婴幼儿会出现攻击性或破坏性的冲动行为，比如尖叫、啃咬、踢打，甚至还会扯母亲的头发。婴幼儿的攻击性行为，需要得到父母的理解。婴幼儿的养育工作，因其破坏性冲动而变得复杂。我将对婴幼儿攻击行为的根源做理论性的陈述，这有助于父母理解孩子的行为。

孩子攻击性的含义

孩子的攻击性有两种含义：一种含义是，孩子直接或间接地对挫折做出反应；另一种含义是，攻击性是个体活力的两个主要来源之一（另一个来源是性）。

我们不仅要谈论孩子的攻击性，这个主题比较宽泛，而且，我们还要关注孩子从一种状态转变到另一种状态的发展过程。

有时，孩子明显地表现出攻击性，同时消耗他们的能量。此时，孩子需要某人来控制他们，以防伤害他人。攻击性冲动一般不会公开显露，但它们会以某种相反的形式表现。我们来观察攻击性冲动的反向表现形式。

我必须要做一个总体的观察。几乎所有人类个体在本质上都是相似的，尽管遗传因素使人们的相貌各异。人性中的某些共同特征，能在所有婴儿身上找到，也出现在所有儿童和成年人身上。另外，人类的个性都会从婴儿期发展到成年期，每个人都会经历这个复杂的发展过程，无论其性别、种族、肤色、信仰或社会环境如何。人类的表现形式可能不同，但一定有共同的特征。一个婴儿倾向于表现攻击性，而另一个婴儿几乎没有表现出任何攻击性；然而，这两个婴儿有共同的问题要处理，那就是他们以两种方式，应对攻击性冲动带来的压力。

如果我们观察一个人攻击性的起源，首先会注意到婴儿的运动。这种运动甚至在婴儿出生前就已经开始了。胎儿不仅会扭动身体，而且会活动四肢，让母亲感到胎动。有时，母亲可能会称婴儿"打"或"踢"了一下肚子；然而，婴儿打或踢的实质内容是缺失的，因为婴儿（包括胎儿和新生儿）还没有成为一个完整的人，他们没有明确的思考来完成一系列动作。

每个婴儿内在都有一种倾向性。婴儿喜欢运动，他们获得某种肌肉运动的快感，并从移动和触碰事物的体验中受益。根据这一特征，我们可以通过一个连续发展的过程，描述婴儿攻击性的行为，即婴儿从简单的运动，到做出生气的表情，再到表达恨意和控制情绪的状态。如果我们持续观察这个发展过程，孩子偶然的冲动可能会造成蓄意的伤害。与此同时，我们会用强大的爱保护这些又爱又恨的孩子。此外，我们可以从孩子的破坏性想法和冲动中找到一种行为模式。在健康发展的过程中，孩子意识和潜意识的破坏性想法，以及对这些想法的反应，它们都会出现在孩子的梦境和游戏中，也会表现为孩子对周围环境的直接攻击。

早期的婴儿攻击行为，指引婴儿发现自我以外的世界，并开启婴儿与外部客体的关系。因此，婴儿的最初行为是一种运动和探索的冲动，后来才发展成攻击性行为。

攻击性的对立表现

所有人类个体都是相似的，尽管每个人在本质上不同。

接下来，我来谈谈攻击性的对立表现。

勇敢的孩子和胆怯的孩子之间存在鲜明的对比。勇敢的孩子，他们倾向于公开表达攻击性和敌意；而胆怯的孩子，他们倾向于在外部，而不是在自己身上寻找攻击性，他们惧怕攻击性，或者担心攻击从外部世界降临到自己身上。第一种孩子是幸运的，因为他们表达出的敌意是有限的，是可以被人们接受的；而第二种孩子始终没有感到满足，他们只能等待着麻烦到来，在某些情况下，麻烦确实存在。

有些孩子倾向于在他人的攻击性行为中，发现自己克制（压抑）的攻击性冲动，这种行为是不健康的。孩子并不能随时观察外界的攻击性行为，他们只能通过幻想控制自己的冲动。因此，我们发现这类孩子总是期待受到迫害，甚至会对想象中的攻击自我防卫。这是一种疾病，不过这种模式几乎在所有儿童的发展中都有迹可循。

还有一种对立的表现，我们可以把容易表现出攻击性的孩子，与"隐藏"攻击性的孩子进行对比。后一种孩子的所有冲动都有一定程度的抑制，包括创造性。然而，对于后一种孩子而言，虽然孩子的内心有所束缚，但他们收获的是"自我控制"的能力，同时他们也学会为他人着想，减少伤害。在健康的状态下，每个孩子都有能力换位思考，与外界的人和事物产生共情。

　　过度的自我控制，也会带来麻烦。例如，一个善良的孩子，虽然他连一只苍蝇都不忍伤害，但是他也有可能爆发攻击性的行为。发脾气或采取极端的行动，这对任何人都没有积极的意义，尤其是对孩子自己。孩子甚至可能不记得发生过什么。此时，父母可以想方设法地帮助孩子度过这个糟糕的时期，并希望随着孩子的成长，他们的过度自我控制会逐渐消失。

避免孩子产生攻击性行为的方式

　　做梦是一种替代攻击性行为的方式。在梦境中，孩子用幻想来体验破坏和杀戮，这种梦境与身体的兴奋程度有关，并且是一种真实的体验，而不仅仅是一种思维练习。能够驾驭梦境的孩子，也准备好玩各种各样的游戏了，无论是独自玩还是与其他孩子一起玩。如果孩子的梦境中包含太多破坏性的内容，或涉及到对客体的严重威胁，或充满混乱的思绪，那么孩子就会大声尖叫，然后惊醒过来。这时，母亲就要发挥作用了。母亲随时准备将孩子从噩梦中唤醒，以便她在外部现实世界温柔地安抚孩子。孩子清醒可能需要半个小时。对孩子来说，噩梦可能是一种神奇的体验。

在此，我必须明确区分做梦和做白日梦。我指的不是在清醒状态下，人们充满幻想的白日梦。与做白日梦不同的是，做梦者处于睡眠状态，可以被唤醒。虽然梦境的内容可能被遗忘了，但它确实曾经被梦见过，这一点意义重大。（也有真实的梦渗透到孩子的生活中，那是另一件事。）

游戏也能替代攻击性行为。游戏利用了幻想和所有可能被梦到的东西，甚至是最深层面的潜意识。我们很容易看到，玩游戏的孩子会使用符号象征，这在健康发展中起到重要的作用。能用一件事"代表"另一件事之后，孩子就能从原始的、真实的冲突中获得极大的解脱。

当孩子既表现出温柔地爱着母亲，同时又想要"吃掉"她；或者当孩子表现出对父亲爱恨交加的情感，又不能把这种情感转移到其他叔叔身上；或者当孩子表现出想要摆脱家里的新生儿，又不能满意地表达失去玩具的感受时，就只能承受。有些孩子就是这样，他们不能使用象征和"代表"的情况，只能默默地承受苦难。

孩子使用符号象征的习惯养成

一般来说，孩子很早就会接受符号象征。例如，婴儿在很小的时候就会搂抱、喜欢某件特殊的物品，比如某个玩具。这个物品既能代表他们，又能代表母亲。这个物品就是一种关联的象征物。象征物本身可能会受到攻击，其价值也会超越孩子其他的拥有物。

游戏是建立在接受符号象征的基础上，游戏中蕴含无限的可能性。玩游戏不但使孩子的个人内在精神反映到现实生活中，而且使孩子的身份认同感不断发展。游戏里既有恨（攻击性），也有爱。

成熟的儿童个体，会出现另一种替代破坏性的重要变化，那就是建设性。在有利的环境中，建设性情感的出现，与成长中的孩子接受破坏性，以及承担自己本性中的破坏性有关。当孩子玩建设性的游戏时，也是心理健康的一个重要标志。这种建设性是无法灌输的，就像信任感一样。建设性情感是随着时间的推移而发展的，是在父母提供的良好环境中，孩子生活经验积累的结果。

这种攻击性和建设性之间的关系，可以用来验证。如果我们阻止一个孩子（或者一个成年人）为至亲至爱的人们付出，或者"做出贡献"，或者满足家庭的需求时，会产生怎样的结果呢？

我所说的"做出贡献"是指孩子心甘情愿地喜欢做某事，同时发现他的付出也会给母亲带来幸福快乐，或者是为了建立和谐的家庭。大孩子会给小宝宝喂奶、铺床、使用吸尘器或制作糕点，他们会积极地分担家务。在孩子看来，他们需要父母尊重自己的行为。如果孩子被嘲笑、厌烦、羞辱，那么他们将体会无力感和无用感。随后，孩子可能很容易爆发攻击性或破坏性。

健康婴儿的活动特点是自然的活动，以及对事物偶然的碰撞。婴儿逐渐开始使用这些动作，以及尖叫、吐口水，用于表达愤怒、仇恨和报复。孩子同时产生爱和恨，并学会接受这种矛盾。攻击性和爱的结合的例子中，最重要的就是婴儿咬东西的冲动，这在婴儿5个月左右就出现了。最终，婴儿啃咬的冲动会融入吃东西的享受中。通常，婴儿最初啃咬的对象是母亲的身体。因此，食物被认为是母亲身体的象征，或是父亲身体的象征，或是婴儿爱的其他人身体的象征。

婴幼儿的活动是非常复杂的，他们需要充足的时间来控制自己产生攻击性的想法和兴奋性。更重要的是，婴幼儿能够在适当的时候控制它们，而不失去表达攻击性的能力，无论他们是在恨的时候，还是在爱的时候。

奥斯卡·王尔德曾说："人人必杀其所爱。"这句话是在提醒我们，在爱的同时，我们必须意识到爱所带来的伤害。

在育儿中我们发现，伤害是孩子生活的一部分，问题是：你的孩子将如何找到恰当的方法来驾驭攻击性的力量，并把它们导向生活、爱、玩游戏以及工作中。

婴儿的攻击性是一种天性

还有一个问题：攻击性的源头在哪里？我们已经看到，在新生儿的发育过程中，最初伴有自然的活动和尖叫，这些行为可能是令人愉快的，但它们并不具有强烈的攻击性，因为婴儿还没有成为一个完整的人。然而，我们想知道，婴儿在早期阶段是如何影响世界的。在婴儿的魔法中，婴儿闭上眼睛后，世界随即消失；婴儿睁开眼睛后，世界被重新创造。

在婴儿的早期阶段，很多婴儿都得到父母的悉心照顾，因此，婴儿在人格上实现某种整合，他们不太可能爆发潜意识的破坏性。父母在家庭生活中为促进婴儿成熟发挥的作用，特别是母亲在婴儿早期阶段所发挥的重要作用，是不容小觑的。当母婴关系从纯粹的身体关系，转变为婴儿与母亲的情感关系时，纯粹的身体关系在情感因素的影响下会变得丰富和复杂。

问题仍然存在：人类与生俱来的攻击性力量，这种潜藏在破坏性行为与自我克制之间的力量，我们是否清楚它的起源呢？攻击性与摧毁性有很多关联，在婴儿发育的早期阶段，摧毁性是正常的，它与创造性共同发展。对于婴儿来说，当客体从"我"的状态变为"非我"的状态时，会从主观性现象变为客观性感知。通常，这种变化是潜移默化的，并随着婴儿的发育逐渐转变。如果母亲无法进行正常的养育，婴儿就会出现出人意料的行为，那么他们的摧毁性就会毁灭现实。

母亲以细致入微的方式，带领婴儿度过早期发展的重要阶段；同时，母亲给予婴儿充足的时间来处理那些出人意料的行为。如果母亲能耐心等待婴儿变得成熟，就会看到婴儿具有破坏性，表现出憎恨、踢打和尖叫。实际上，婴儿的攻击性只是一种发泄，以免他们的摧毁性毁灭这个世界。只要我们认识个体情感发展的整个过程，那么攻击性想法和行为就会具有积极的价值，仇恨也会成为爱和文明的标志。

在本书中，我试图说明生命中微妙的发展阶段。在这些发展阶段中，如果有母亲无私的爱和良好的家庭环境，大多数婴儿都能茁壮成长，从而构成童年生活所有满意的人际关系和成熟的个人内心。